ÉTUDES D'ENTOMOLOGIE

LÉPIDOPTÈRES

DU PÉROU, DU THIBET ET DU YUNNAN

SEIZIÈME LIVRAISON

Juin 1892

RENNES
IMPRIMERIE OBERTHUR

ÉTUDES D'ENTOMOLOGIE

ÉTUDES D'ENTOMOLOGIE

FAUNES

ENTOMOLOGIQUES

DESCRIPTIONS D'INSECTES

NOUVEAUX OU PEU CONNUS

PAR CHARLES OBERTHÜR

RENNES

IMPRIMERIE OBERTHÜR

Juin 1892

PRÉFACE

Grâce à mes respectables amis S. G. Mgr Félix Biet, vicaire apostolique du Thibet et ses dignes collaborateurs, je publie un nouveau supplément à la faune chinoise des Lépidoptères.

J'ai profité de l'impression de ce travail pour y comprendre une espèce nouvelle de *Papilio* découverte au Pérou, par M. de Mathan. Comme il est relativement rare de trouver quelque part un *Papilio* nouveau et que l'intérêt des entomologistes se porte assez spécialement vers ce noble genre, je n'ai pas voulu attendre, pour faire connaître le *Papilio Mathani*, à imprimer une livraison des *Etudes d'Entomologie,* exclusivement consacrée à la faune du Nouveau-Monde.

En ce qui concerne les Papillons Thibétains, je reste toujours le premier, sinon encore le seul, à en publier la figure et, dès lors, à permettre de les reconnaître. J'ai dit assez de fois quelle était mon opinion à propos des descriptions sans figure pour ne pas développer ici les raisons qui me font considérer comme absolument nulle et non avenue toute description non accompagnée d'un dessin suffisamment exact.

Cependant je m'efforce dans mes travaux entomologiques d'envisager l'intérêt supérieur de la Science qui réellement est seul en cause, et de m'élever au-dessus de tout sentiment personnel d'où pourrait résulter une confusion dans la nomenclature, au grand dommage de la Lépidoptérologie. Je sais bien que trop de gens sont personnellement intéressés à paraître penser autrement que moi quant à la valeur des descriptions sans figure, pour espérer que mon opinion puisse se trouver dès maintenant à l'abri de toute contestation. Mais je ne doute point que le temps, par qui tant de progrès se réalisent ne me donne définitivement gain de cause.

En attendant, je ne cherche pas les solutions absolues, en ce sens que j'évite tout motif de synonymie, autant du moins que je le puis.

C'est ainsi que M. Leech, m'ayant écrit en date du 19 mai 1892, « si vous avez de nouvelles planches de Papillons de Chine, voulez-vous me les envoyer voir? » j'ai immédiatement déféré à ce désir, et M. Leech m'ayant fait connaître qu'il avait déjà décrit certains Papillons figurés pour la première fois, par moi, dans le présent ouvrage, j'ai conservé les noms qu'il me dit avoir donnés, tout en les considérant comme étant actuellement de nulle valeur, puisque M. Leech n'a encore éclairé ses descriptions par aucune figure.

M. Leech, comme chacun le sait aujourd'hui, instruit sur la richesse des productions naturelles du Thibet par la publication des découvertes dues aux Missionnaires catholiques français qui, les premiers de tous, ont fait connaître au monde savant les animaux et les végétaux de cette terre reculée et si peu accessible, a organisé avec le concours de MM. Pratt et Kricheldorff, une expédition de chasseurs indigènes, avec mission de collectionner des Papillons et des Insectes dans le centre de la Chine et enfin à Mou-Pin et à Tâ-Tsien-Loû.

Dès lors, aux espèces nouvelles dont j'avais, dans plusieurs livraisons successives des *Etudes d'Entomologie*, publié les descriptions et les figures, est venu s'ajouter un important contingent résultant des travaux des *native collectors* employés par M. Pratt.

Si actifs et si nombreux que soient les moissonneurs, le champ est tellement riche et vaste que de longtemps la récolte des nouveautés ne sera point épuisée.

Mais M. Leech et moi, nous travaillons désormais sur la même faune et il eût fallu notre entente commune sur un même objet pour éviter les doubles emplois dans la Nomenclature.

Il n'a point dépendu de moi que nos publications ne se fussent faites d'un commun accord. La lettre que j'écrivis à M. Leech, le 16 décembre 1890, en réponse à la sienne du 14 décembre, en fait foi.

Sans doute il eût été avantageux au progrès de l'Entomologie que mes propositions eussent été acceptées par M. Leech; car, actuellement, en mai 1892, pas une planche de l'ouvrage de M. Leech n'a encore pu être livrée au public. Seul le texte des *Butterflies from China, Japan* et *Corea* a paru pour les cent seize premières pages, comprenant les *Danainœ, Satyrinœ, Morphinœ* et *Acrœinœ*.

Je dois à l'obligeance de l'auteur d'avoir pu examiner l'ouvrage immédiatement après l'impression. M. Leech me permettra d'appeler son attention sur le fait suivant :

Le 5 mai 1891, M. Leech a pris l'initiative, comme il l'a fait le 19 mai 1892, de me demander « quand paraîtra la prochaine partie des *Études d'Entomologie?* — Je serais très intéressé, écrit-il, de savoir s'il y aura dedans des espèces chinoises. »

Dès le 9 mai, j'ai répondu en communiquant les planches I, II et III de la XVe livraison. Le coloriage seul en retardait l'apparition.

Le 11 mai, M. Leech m'écrivit qu'il y avait dans ces trois planches plusieurs espèces qu'il avait décrites, sans cependant me désigner lesquelles, ni sous quels noms.

Je viens seulement de les reconnaître en consultant l'ouvrage *Butterflies from China*. Ce sont les espèces comme « *Melanargia leda*, Leech (*Entomologist*, XXIV, Suppl. June I, 1891, p. 57, » ayant, d'après lui, la priorité sur « *Arge Yunnana*, Obthr, *Etud. d'Entom.*, XV, p. 13, pl. III, fig. 21 (July, nec June 1891); » *Yphtima Iris*, Leech, et *Ciris*, Leech, près desquels *Dromonides*, Obthr, et *Clinia*, Obthr, sont inscrits en synonyme de la même façon.

Or, du 9 mai 1891, date à laquelle j'ai communiqué mes planches à M. Leech, jusqu'au 1er juin, jour où l'impression de la description aurait été achevée dans un Supplément au journal *Entomologist*, à défaut d'autre raison, M. Leech n'aurait-il pas dû chercher à atténuer les inconvénients d'une synonymie rendue malheureusement inévitable dans les conditions de publication que lui-même avait préférées? Il avait, en effet, tout le temps de substituer aux noms qu'il a donnés aux espèces décrites dans son Journal (en admettant même que les descriptions n'aient pas été écrites sur le vu même de mes planches), les noms que j'avais choisis et qui, puisque mes planches ont paru, il y aura bientôt une année, sont encore aujourd'hui les seuls intelligibles.

Mais, j'ai conservé pour ma part trop bon souvenir des heures agréables passées jadis dans ma collection, en compagnie de M. Leech, pour que je veuille m'étendre davantage sur un sujet délicat. Je déclare d'ailleurs être en cette circonstance beaucoup moins préoccupé d'une question toute personnelle de priorité dans les noms que de celle de la synonymie dont l'intérêt est général et j'espère que l'avenir bénéficiera de l'expérience du passé.

Rennes, 28 mai 1892.

CHARLES OBERTHÜR.

LÉPIDOPTÈRES

DU PÉROU ET DU THIBET

Papilio Mathani, Obthr. (Pl. II, ♂, fig. 8; ♀, fig. 12).

Découvert au Pérou, à Chachapoyas (Amazones) par M. Marc de Mathan, en 1889.

Appartient au groupe de *Polydamas* et se place près de *Archidamas*, Bdv. du Chili.

Le ♂, en dessus, est d'un noir verdâtre à reflet brillant; les échancrures marginales des ailes supérieures sont jaunes; des atomes jaunes sont semés assez épais près de la base, au-dessous du rameau nervural médian; les échancrures marginales des ailes inférieures sont bien plus largement et profondément jaunes qu'aux ailes supérieures. Un semis épais d'atomes jaunâtres, formant une bande assez droite, sur l'espace médian, descend depuis la nervure sous-costale jusqu'au bord anal, sans colorer toutefois les nervures qui restent noir verdâtre et qui divisent ainsi les semis d'atomes jaunâtres en une bande maculaire.

Le dessous des ailes rappelle beaucoup celui d'*Archidamas;* mais il en diffère comme suit : alors que chez *Archidamas*, l'espace cellulaire et médian des ailes supérieures reste noir et que, depuis l'extrémité de la cellule jusqu'à l'apex, et du bord costal au bord interne, la couleur jaune domine, au contraire, chez *Mathani* l'espace cellulaire est semé de jaunâtre et, à part les échancrures marginales, tout l'espace terminal est noir.

Aux ailes inférieures, l'espace basilaire jaune paille est bien limité dans *Mathani* par la bande noire qui précède les taches intranervurales argentées. Celles-ci sont moins allongées que chez *Archidamas;* mais dans les deux espèces le rouge un peu orangé ou violâtre les accompagne de la même façon. Dans *Mathani* le bord anal est lavé de noir jusqu'à la rencontre de la nervure médiane; mais la teinte jaune paille pénètre jusqu'au bord anal, au-dessus de la tache anale rougeâtre.

La ♀ diffère du ♂ en dessus par sa teinte générale plus pâle; de plus le disque de ses ailes supérieures est entièrement saupoudré d'un mélange d'atomes jaunâtres et noirs, ce qui donne un effet d'ensemble gris jaunâtre; le voisinage du bord interne est un peu violacé. Le disque des ailes inférieures paraît violet pâle.

Les antennes sont noires, paraissant insérées sur deux points céphaliques jaunes; le cou et le haut du thorax sont marqués de deux points jaunes, formant, avec les deux précités, une double série de trois points parallèles. Le thorax en dessus est couvert de poils assez longs, jaunâtres; l'abdomen est lisse et noir verdâtre en dessus dans les deux sexes.

En dessous, les côtés de la poitrine sont ornés de touffes de poils jaunes; les pattes sont marquées d'un point blanchâtre très près de leur lien d'attache au thorax; l'abdomen est latéralement liséré de jaune.

La description est faite d'après 5 ♂ et 1 ♀; la variation porte principalement sur l'extension plus ou moins grande du rouge par rapport aux espaces argentés des ailes inférieures en dessous. Dans certains exemplaires, la tache anale seule est rouge; dans d'autres le rouge envahit et recouvre presque entièrement trois ou quatre de ces taches argentées.

Parnassius Poeta, Obthr. (Pl. II, fig. 9).

Depuis la publication de la XIVe livraison des *Études d'Entomologie* consacrée au seul genre *Parnassius*, ma collection s'est enrichie d'une assez grande quantité de papillons de ce genre particulièrement séduisant. Le *Parnassius* que je fais connaître sous le nom de *Poeta*, m'a été envoyé du Thibet par Mgr Biet. Il m'a fait savoir que la capture en avait été faite pendant l'été de 1891, dans les montagnes éloignées de 6 à 8 jours de marche de Tâ-Tsien-Loû. Je possède 17 exemplaires du *Parnassius Poeta*, presque tous bien frais et appartenant au même sexe ♂.

Poeta est sans doute une forme géographique d'*Actius*; il me paraît se rapprocher surtout de celle que M. Groum-Grgimaïlo a découverte à Amdo, pendant la même année 1891 et qu'il m'a envoyée sous le nom de *Mercurius*.

Poeta est beaucoup plus obscur; les parties noirâtres sont plus étendues et les ailes supérieures, à part les parties blanches de l'espace cellulaire, sont, dans certains exemplaires, presqu'entièrement couvertes par un semis d'atomes noirs. Le fond des ailes dans *Poeta* est un peu jaunâtre comme chez *Mercurius*. *Epaphus-Cachemiriensis* autre forme, sans doute issue de la même souche originelle, reste généralement d'un blanc assez pur et assez éclatant.

Dans *Poeta*, les antennes sont, comme chez *Epaphus*, annelées de blanc avec la massue noire; le corps est très velu; les poils sont blanchâtres, très longs et recouvrent la base des ailes et le bord anal des inférieures; les taches rouges sont généralement très développées, mais variant comme nombre de 1 à 3 aux ailes supérieures. La tache rouge près du bord costal persiste dans tous les exemplaires que j'ai sous les yeux.

Aux ailes inférieures, la tache rouge basilaire existe parfois comme chez *Epaphus* type ou est absente comme chez *Epaphus-Cachemiriensis*. La frange est très entrecoupée de blanc et de noir; mais, aux ailes inférieures, il y a tendance à ce que le noir marginal soit rétréci et à ce que la frange soit blanche sauf au point de contact de la nervure.

La tache rouge médiane de l'aile inférieure est quelquefois pupillée de blanc.

Je possède une seule ♀ vierge grande et extrêmement obscure, surtout aux ailes inférieures qui sont presque entièrement recouvertes par les atomes noirs, capturée au même pays que *Poeta*. Est-ce une autre espèce, est-ce la ♀ de *Poeta*? Je ne le saurais dire avec certitude. De nouveaux documents me permettront sans doute d'élucider la question un peu plus tard.

Parnassius Orleans, Obthr. (♀, pl. II, fig. 14); et **Parnassius Orleans-Groumi,** Obthr. (♂, pl. II, fig. 10).

De nouveaux exemplaires du *Parnassius Orleans* m'ont été envoyés du même lieu alpestre où a été trouvé le *Parnassius Poeta*. Avec quelques ♂ offrant entre eux des variations, quant à l'épaississement du semis d'atomes noirs, au développement ou à la suppression des taches rouges, mais appartenant bien tous à la même forme que le *Typicum specimen* décrit dans la XIVe livraison des *Études d'Entomologie*, il y a une ♀ pourvue de sa poche cornée, ce qui permet de compléter l'histoire de l'insecte parfait.

Ainsi que le représente la figure publiée dans le présent ouvrage, la ♀ du *Parnassius Orleans* est plus chargée d'atomes noirs aux ailes supérieures que le ♂. Les ailes inférieures sont semblables à celles d'un ♂, dont les macules rouges sont bien développées.

Quant à la poche cornée, elle est grise, en forme de sac ouvert sur le devant, et son profil ressemble un peu à un bonnet phrygien.

Le *Parnassius Orleans* paraît être répandu dans plusieurs localités du Thibet assez éloignées entre elles. C'est ainsi que le célèbre voyageur russe Grégoire Groum-Grgimaïlo l'a rencontré voltigeant dans les montagnes d'Amdo, pendant l'été 1891.

Dans cette localité la forme du *Parnassius Orleans* se distingue un peu de celle du voisinage de Tà-Tsien-Loû. Le faciès en est bien différent. Les ailes sont généralement moins noires et la bande noire maculaire médiane qui, plus ou moins continuée ou interrompue à son centre, descend du bord costal en se creusant vers le bord interne, se trouve bien plus espacée de la bande noirâtre submarginale. Celle-ci est elle-même moins épaisse; elle atteint à peine le bord interne, de telle façon qu'il reste dans le *Parnassius Orleans*, d'Amdo, une grande place claire au voisinage de l'espace subterminal des ailes supérieures.

J'ai désigné cette forme sous le nom de *Groumi*, en l'honneur du voyageur intrépide qui a tant fait pour la connaissance de la faune entomologique de l'Asie centrale.

Parnassius Szechenyi, Friw. Pl. II, ♂, fig. 11, ♀, fig. 13).

Ce *Parnassius*, comme *Orleans*, habite aux environs de Tà-Tsien-Loû et d'Amdo. Je ne pense pas qu'il ait été retrouvé depuis le voyage au Thibet du hongrois Szecheny, jusqu'à l'été de 1891, époque à laquelle M. Groum-Grgimaïlo d'un côté, et S. G. Mgr Biet d'autre part ont pu en obtenir des échantillons.

Comme l'espèce n'a point encore été figurée, je comble la lacune, et désormais la connaissance exacte d'un magnifique *Parnassius* est assurée.

La ♀ figurée est de Tà-Tsien-Loû. Elle est beaucoup plus chargée d'atomes noirs que la forme d'Amdo. Le ♂ est d'Amdo. J'en suis redevable à l'obligeance de M. Groum.

Le *Parnassius Szechenyi* est une espèce tout à fait à part dans le genre. Elle est très caractérisée par la ligne de taches noirâtres submarginales descendant en escalier du bord costal au bord interne et extérieurement soulignées d'une ombre noire plus foncée.

Les ailes inférieures offrent 4 belles taches bleu ardoise centralement pupillées très finement de blanc, formant ensemble une sorte de bande submarginale à peu près ininterrompue et finissant en une ombre grise soulignée de noirâtre au voisinage du bord costal.

Le dessous est très particulier avec un ton jaunâtre, transparent, d'un aspect huileux sur lequel ressort en blanc, rose pâle, finement liséré rouge et noir mat, une partie des taches ordinaires.

La poche cornée de la ♀ a une forme analogue à celle d'*Orleans*; mais elle est plus développée et de couleur plus blanche.

Les pattes sont jaunâtres.

Les antennes gris jaunâtre à la base ont la massue noire.

La ♀ est peu velue; mais le corps du ♂, ainsi que la base et le bord abdominal des ailes sont couverts de poils jaunâtres longs et soyeux.

La frange des 4 ailes est uniformément de la couleur du fond des ailes et n'offre point le mélange de noir et de blanchâtre qu'on remarque dans *Orleans*, *Pocta* et autres espèces.

Le *Parnassius Przewalskii*, Alpheraki me paraît être l'espèce la plus voisine du *Szechenyi*.

Pieris Oberthüri, Leech. (Pl. I, fig. 2).

Je possède six ♂ de cette *Pieris*, pris par M. Pratt et les *Native collectors* à Chang-Yang en avril 1888 et en 1889, et que j'ai acquis chez M. Doncaster, naturaliste à Londres.

C'est une grande espèce, d'un blanc légèrement verdâtre sur les deux faces, très remarquable par la forme sagittée des traits noirs intranervuraux de ses quatre ailes, aussi bien en dessus qu'en dessous.

Elle n'avait pas encore été figurée.

Comme le *Pieris Acraea*, Oblhr. près de laquelle se place *Oberthüri*, celle-ci a une tache orangée aux côtés du corps, dans le petit espace qui précède le rameau nervural.

Pieris Hastata, Obthr. (Pl. I, fig. 6).

Yunnan (R. P. Delavay).

Voisine d'*Oberthüri*, bien distincte par le lavis jaune qui couvre toute la surface de ses ailes inférieures en dessous, et par la forme plus élargie des taches blanches aux ailes supérieures, tant en dessus qu'en dessous.

La *Pieris Hastata* paraît varier peu; je possède dix exemplaires des deux sexes; la ♀ est seulement un peu plus grande que le ♂.

Pieris Larraldei, Obthr., forma **Melania,** Obthr. (Pl. I, fig. 5).

A Mou-Pin, d'où proviennent les exemplaires qui ont servi de type à la description et à la figure que j'ai publiées dans la IIe livraison des *Études d'Entomologie*, la *Pieris*

Larraldei est d'un aspect bien différent de la forme de Tâ-Tsien-Loû. Celle-ci est beaucoup plus obscure; les taches blanches sont rétrécies par l'envahissement des parties noires. En outre, la taille est généralement plus grande. De plus, la coloration des ailes inférieures en dessous est plus jaune.

Ma collection renferme sept très beaux ♂ de Tâ-Tsien-Loû. Ils ne varient presque pas entre eux.

Pieris Larraldei, Obthr., forma **Nutans,** Obthr. (Pl. I, fig. 3);

Ta-pin-tze (Yunnan) R. P. Delavay.

Les ailes supérieures en dessus sont à peu près semblables à celles de *Hastata;* mais les inférieures sont bien plus rembrunies.

C'est par le dessous des ailes inférieures, où les taches jaunes sont tantôt plus claires et tantôt plus foncées, que *Nutans* est bien distincte.

L'espace basilaire est jaune orangé, au lieu d'être jaune citron comme chez *Larraldei* et *Hastata*; la première tache subbasilaire costale est blanchâtre; la tache allongée intranervurale, supérieure à la grande tache cellulaire, est jaune citron vif, tandis que la tache cellulaire est jaune nankin; les taches du bord anal sont jaune nankin pâle; les taches submarginales sont jaune citron légèrement orangé, et les cinq taches qui entourent les cellules sont, comme la tache cellulaire, d'une teinte jaune plus claire.

En outre, la forme de toutes ces taches jaunâtres est moins aiguë que dans les formes voisines.

Je pense que les *Pieris Oberthüri, Acraea, Hastata, Nutans, Larraldei*, sont des races ou formes géographiques issues d'une même origine.

M. de Nicéville m'a communiqué récemment un très beau dessin d'une *Pieris* de l'Inde anglaise, qui me paraît être aussi une race locale à rattacher à la même souche.

Sans doute, l'Asie nourrit d'autres formes de ces *Pieris*, que nous ignorons encore. Mais plus nous pénétrerons dans la connaissance détaillée des faunes chinoise et indienne, plus nous trouverons de clarté pour résoudre le problème très intéressant du groupement des différentes formes géographiques devenues fixes et constantes autour de leur souche originelle.

Cette synthèse, résultant des nombreuses analyses faites peu à peu et au fur et à mesure des découvertes, constituera l'histoire véritable de l'*espèce* au temps actuel.

Argynnis Zenobia (sec. Leech), OBTHR. (**Penelope**, STGR., *in litteris* (sec. Groum.). (Pl. I, fig. 1).

Diffère de *Childreni* Gray, en dessus par l'absence de l'ombre submarginale verdâtre aux ailes inférieures, et en dessous parce que la teinte rose vif des ailes supérieures est remplacée par du fauve comme chez *Paphia*.

En outre, la forme des ailes est un peu plus élancée et moins arrondie; les dessins argentés des ailes inférieures en dessous sont plus sinueux.

L'*Argynnis Zenobia* vole au Sutchuen occidental, en compagnie de *Childreni*, comme *Pieris Larraldei* au Yunnan et au Thibet (Atentsee) avec sa congénère *Agathon*. L'exemplaire ♂ figuré dans le présent ouvrage vient du pays au nord de Tâ-Tsien-Loû.

Limenitis Albomaculata (sec. Leech.), OBERTH. (Pl. II, fig. 15).

De la région au nord de Tâ-Tsien-Loû.

En dessus, la *Limenitis Albomaculata* est, par son faciès, mimique de la *Diadema Dubia*; même fond des ailes noir et mêmes taches blanc laiteux avec une pigmentation violâtre, surtout aux ailes inférieures, sur le côté extérieur. Un nom rappelant ce mimetisme m'eût paru plus convenable que celui d'*Albomaculata* qui convient à un si grand nombre d'espèces.

En dessous, les couleurs rappellent un peu *Camilla*. Le fond des supérieures est brun noirâtre avec des parties noires plus foncées, trois taches subapicales blanc violâtre (la première triangulaire, la seconde très petite et punctiforme, la troisième plus grande et assez arrondie), deux ou trois petites macules violettes au-dessous de ces trois taches subapicales, une tache longue blanc laiteux au centre et violâtre sur les côtés, partant du bord costal et descendant assez droit jusqu'aux deux tiers de la surface des ailes. Celles-ci, ont en outre dans l'espace cellulaire deux chevrons lilas; le bord costal, l'espace apical et l'extrémité de l'espace cellulaire sont rouge brique foncé. Un liséré double, brun et rougeâtre, extérieurement éclairé de violâtre et accompagné d'une série double de taches intranervurales noirâtres plus foncée que le fond des ailes, descend tout du long du bord marginal, en formant une sinuosité assez régulière.

Les ailes inférieures sont brun rouge foncé avec toute la base, le bord anal et le disque bleuâtre. Dans cette teinte bleuâtre dont le contour supérieur, près du bord costal, est irrégulier, tandis que vers le bord marginal des ailes, la limite en est plus droite, quoique encore un peu sinueuse, il y a un certain nombre de traits noirs et une éclaircie blanche au contact de la teinte brun rouge, vers le bord marginal. La double liture marginale se continue sur les ailes inférieures comme aux supérieures, et avec le même accompagnement d'une série double de taches intranervurales noirâtres.

Le corps et l'abdomen noirs en dessus sont bleuâtres en dessous. Les pattes sont colorées comme le dessous de l'abdomen.

Eusemia Vilthoroides (sec. Leech), OBTHR. (Pl. I, fig. 4).

Du pays au Nord de Tâ-Tsien-Loû.

Se place assez près de *funebris*, Moore, de Darjeeling (*Aid to the Identification*, pl. 127, fig. 4); mais plus grande, d'un ton général plus bleuâtre et avec les taches des 4 ailes plus développées. Elle est d'ailleurs très distincte par la grosse tache arrondie, isolée entre la bande maculaire submarginale et l'autre bande subbasilaire qui va droit de la cellule au bord anal.

Cette tache manque absolument dans *funebris*.

L'abdomen est en dessus noir annulé de jaune et terminé par un pinceau de poils jaunes; en dessous, il est presque entièrement jaune. Les côtés du thorax sont aussi en dessous couverts de poils jaunes assez longs, d'une teinte moins orangée qu'à l'abdomen.

Les pattes sont noires pointillées de blanc.

La tête porte 4 très petits points blancs; les épaulettes ont la base ponctuée de blanc; le thorax porte une tache centrale blanchâtre.

Chelonia Mirifica, OBTHR. (Pl. I, fig. 7).

Du pays au nord de Tâ-Tsien-Loû.

Superbe espèce à ailes supérieures noir de velours traversées et bordées de jaune nankin; les ailes inférieures sont rouges avec des taches noirâtres et la frange jaune.

Les épaulettes, le collier sont jaune nankin, le thorax en dessus est noir avec deux lignes parallèles de poils jaune nankin; l'abdomen est rouge en dessus avec une série dorsale de points noirs. Le dessous du corps est noir; les pattes sont également noires.

Pour les dessins des ailes supérieures, il y a une première partie costale jaune nankin, comprenant un petit point basilaire noir, un gros point subbasilaire noir et deux traits noirs formant un V assez mal écrit, puis, au-dessous de la nervure médiane, une tache noire droite en haut, arrondie en bas, est limitée par un liséré nankin; un espace noir central, ayant la forme d'une botte dont le talon est en haut, limite un liséré nankin descendant d'abord perpendiculairement de la côte, puis obliquant droit jusqu'au bord interne; au-delà de cette ligne nankin, il reste 4 taches noires entourées par les lignes jaunâtres. L'espèce doit varier pour le dessin de ses ailes; l'exemplaire ♀ que j'ai sous les yeux n'a pas les deux côtés symétriques. Je ne connais pas le ♂.

Imp. Oberthur, Rennes. A. Dollingeville, lith.

Imp. Oberthür, Rennes. A. Dallongeville, lith.

ÉTUDES D'ENTOMOLOGIE

ÉTUDES D'ENTOMOLOGIE

FAUNES

ENTOMOLOGIQUES

DESCRIPTIONS D'INSECTES

NOUVEAUX OU PEU CONNUS

PAR CHARLES OBERTHÜR

RENNES

IMPRIMERIE OBERTHÜR

Avril 1893

LÉPIDOPTÈRES RECUEILLIS AU TONKIN

PAR SON ALTESSE ROYALE MONSEIGNEUR LE PRINCE HENRI D'ORLÉANS

Déjà il nous a été donné de faire connaître dans une précédente livraison des *Études d'Entomologie* un beau *Parnassius* découvert par S. A. R. Mgr. le prince Henri d'Orléans, au cours du voyage si hardi qu'il effectua naguère, en compagnie de M. Bonvalot, de France au Tonkin, par l'Asie centrale et le Thibet.

Cette fois encore, nous avons été mis à même d'étudier les insectes récoltés, pendant les trois premiers mois de l'année 1892, par le prince Henri dans un nouveau voyage dont le Tonkin était le seul but.

Très dévoué au progrès des sciences géographiques et naturelles, le prince Henri d'Orléans satisfait encore dans une certaine mesure l'ardeur de son patriotisme, en allant étudier sur place les questions intéressant une colonie naissante, conquise au prix du sang généreux de nos soldats.

Il ne nous appartient cependant point de parler ici de l'avenir des relations commerciales, des mesures à prendre en vue d'assurer au Tonkin la bonne administration et le respect dû à notre drapeau. Tout le monde a lu les remarquables considérations que le prince Henri a écrites sur ces sujets si graves et si importants pour la grandeur même de notre Patrie.

Nous nous bornerons dans cette *Étude* à faire connaître les résultats entomologiques du voyage du prince Henri et nous exprimerons à l'intrépide explorateur notre reconnaissance de pouvoir, grâce aux documents rassemblés par ses soins, publier une notice sur la faune d'une terre encore à peu près inconnue au point de vue des Lépidoptères.

C'est à la faune d'Algérie que nous avons consacré, il y a dix-sept années, la première livraison de cet ouvrage et nous l'avons successivement fait suivre de plusieurs suppléments. Nous nous estimerons toujours heureux d'avoir ainsi contribué à conserver à notre pays une spécialité que tant d'étrangers auraient été empressés à recueillir. Il nous paraît, en effet, que l'histoire naturelle de notre colonie algérienne doit être, avant tout, traitée par des Français.

Pour le Tonkin, nous pensons de même et nul ne contestera, à cause de l'avancement qui en résulte pour les sciences, l'avantage de cette émulation dont nous apprécions chez nos voisins de la Grande-Bretagne l'infatigable ardeur.

Puissions-nous donc, dans les livraisons des *Études d'Entomologie*, que nous publierons dans l'avenir, s'il plaît à Dieu, contribuer à faire connaître les nombreuses espèces de Papillons qui éclosent chaque année sur le sol du Tonkin et apporter ainsi notre part aux progrès d'une science qui nous est chère!

Rennes, 15 avril 1893.

CHARLES OBERTHÜR.

I

LÉPIDOPTÈRES DU TONKIN

RHOPALOCERA

PAPILIONIDÆ

Papilio Erioleuca, Obthr.

Haut-Tonkin, Rivière-Noire, février 1892.
Un seul ♂ semblable à ceux du Sikkim.

Papilio Zaleucus, Hew.

Haut-Tonkin, Rivière-Noire, février 1892.
Un seul ♂, de petite taille, ne paraissant pas différer de la forme du nord de l'Inde.

Papilio Varuna, White.

Haut-Tonkin, Rivière-Noire, février 1892.
Trois ♂ de plus grande envergure que les individus ordinaires du Sikkim, mais appartenant à la forme de cette région, c'est-à-dire n'ayant aucune éclaircie blanchâtre vers l'angle interne des ailes supérieures, comme cela a lieu dans la forme de Perak.

Papilio Agenor, Linn.

Un ♂, pris à Nam-Ou, le 29 mars, appartenant à la forme *Mestor*, Butler.

Une ♀, récoltée à Bang-Po, le 7 mars, caudée, tachetée de rouge, se rapportant à la forme *Androgeus-Achates*, et une paire venant de Luang-Prabang, où elle a été capturée le 4 avril, malheureusement en mauvais état. On peut voir cependant que la ♀ appartient à la forme *Androgeus-Achates*; mais elle est un peu plus obscure que celle de Bang-Po.

Papilio Protenor, Cramer.

Onze exemplaires, tous ♂, semblables à la forme ordinaire de la Chine méridionale, récoltés à Bang-Po le 7 mars, à Muong-Mou le 28 mars et à Nam-Ou le 29 mars.

Papilio Philoxenus, Gray.

Haut-Tonkin, Rivière-Noire, février 1892, et Bang-Po, 7 mars 1892.

Cinq exemplaires ♂, semblables à ceux de la Haute-Birmanie et du Sikkim, variant seulement entre eux pour la dimension des ailes.

Papilio Dasarada, Moore.

Un seul ♂ du Haut-Tonkin, Rivière-Noire.

Papilio Crassipes, Obthr. (pl. IV; ♂, fig. 38 et 38 *a*).

Décrit d'après un ♂ bien conservé, capturé au Haut-Tonkin, Rivière-Noire.

Du groupe de *Mencius*, *Philoxenus;* ailes allongées, les supérieures comme chez *Philoxenus*, les inférieures moins élargies que chez *Dasarada*, mais présentant à peu près la même forme. En dessus, les quatre ailes noires, avec un reflet un peu verdâtre; les supérieures plus foncées vers la base, avec les traits intranervuraux ordinaires et les lignes de l'espace cellulaire plus noires que le fond; les inférieures paraissant plus unies et plus luisantes, laissant apercevoir par transparence les taches carminées du dessous, ayant la poche feutrée, le long du bord anal, d'un blanc grisâtre, et non noirâtre comme chez les espèces de la même division. Le dessous semblable au dessus, mais plus mat et plus pâle;

les inférieures ayant six taches intranervurales carminées, dont l'une à l'extrémité de la queue, traversée par la nervure.

Les poils du cou, des palpes et du dessous du corps, carminés, mélangés d'un peu de noir; les pattes présentant cette anomalie, qui servirait seule à distinguer l'espèce, d'avoir au deuxième article de la troisième paire un renflement d'un noir velouté, comme une vésicule allongée.

Papilio Henricus, Obthr. (pl. IV, fig. 39).

Muong-Mou.

Le *Papilio Henricus* est voisin du *P. Antonio*, Hew., des îles Philippines. Il en diffère en dessus par la forme de la tache jaune de crème de l'aile inférieure et par l'absence de la tache triangulaire de même couleur qui, chez *Antonio*, se prolonge sur le bord interne de l'aile supérieure. Le dessous reproduit les différences du dessus. En outre, on peut constater que la dentelure du contour extérieur de l'aile inférieure est plus profonde dans *Henricus*. La ligne sinueuse jaune, qui longe le bord terminal, du bord costal à l'angle anal de l'aile inférieure, est plus rougeâtre dans *Henricus* et plus profondément dentée.

S. A. R. Mgr le prince Henri d'Orléans, à qui j'ai l'honneur d'offrir la dédicace de ce beau lépidoptère, a rapporté deux ♂ n'offrant entre eux d'autre différence que la taille.

Papilio Slateri, Hewitson, forma geographica **Marginata,** Obthr. (pl. IV; ♂, fig. 35).

Nam-Ou, entre Haut-Tonkin et Laos.

Diffère de *Slateri*, d'Assam, par la bordure marginale de taches blanc jaunâtre de ses ailes inférieures, en dessus, et le rétrécissement, vers l'apex, de la série des bandes et taches intranervurales bleu violacé. Le bord terminal et l'apex des ailes supérieures sont d'un brun plus pâle dans la forme *Marginata* que dans le *Slateri* type.

Papilio Aristolochiæ, Fabr.

Haut-Tonkin; Rivière-Noire.

Trois ♂, avec les taches blanc jaunâtre des ailes inférieures très élargies.

Papilio Chaon, Westwood.

Bang-Po, trois ♂.

Il semblerait que le maximum de développement pour le *Papilio Chaon*, fût en Chine, dans la province de Su-Tchuen. Le nord de l'Inde fournit une race un peu moins grande et le Haut-Tonkin semble nourrir la forme la plus petite.

Papilio Helenus, Linné.

Haut-Tonkin; Rivière-Noire, deux ♂.

Papilio Paris, Linné.

Rivière-Noire; plusieurs exemplaires.

Espèce répandue dans la Chine, l'Indo-Chine et l'Inde.

Papilio Ganesa, Gray.

Rivière-Noire;

Forme assez petite.

Papilio Castor, Westwood.

Rivière-Noire, trois ♂, une ♀; entre Haut-Tonkin et Laos, Nam-Ou, deux ♂.

L'un de ces ♂ a les taches blanc crème des ailes inférieures prolongées jusqu'à la rencontre de l'angle anal; par conséquent, au lieu de quatre taches, il en a sept. Il convient d'observer que les trois dernières taches sont très petites.

Papilio Antiphates, Cramer.

Muong-Mou.

Même forme qu'à Perak.

Papilio Agetes, Westwood.

Haut-Tonkin, Rivière-Noire.

Papilio Nomius, Esper.

Entre Haut-Tonkin et Laos, Nam-Ou.
Même forme qu'à Siam.

Papilio Hermocrates Felder.

Entre Haut-Tonkin et Laos, Nam-Ou.
Ne paraît pas différer de la forme des Philippines.

Papilio Sarpedon, Linné.

Haut-Tonkin, Rivière-Noire; entre Haut-Tonkin et Laos, Nam-Ou.
Même forme qu'au Sikkim.

Papilio Agamemnon, Linné.

Mêmes localités que *Sarpedon*.

Papilio Eurypylus, Hubner.

Haut-Tonkin, Rivière-Noire.

Papilio Epius, Fabr.

Haut-Tonkin, Rivière-Noire.
Même forme qu'au Yunnan.

Papilio Megarus, Westwood.

Muong-Mou; entre Haut-Laos et Tonkin, Nam-Ou; Haut-Tonkin, Rivière-Noire.

Même force qu'en Assam.

Papilio Macareus, Godart.

Entre Haut-Laos et Tonkin; Rivière-Noire.

Beaucoup d'exemplaires, tous ♂; se rapprochant de la forme d'Assam (collines Khasia); mais cependant un peu plus assombris par la réduction des taches blanchâtres et l'envahissement de la couleur noire du fond.

Leptocircus Meges, Felder.

Haut-Tonkin, Rivière-Noire; entre Haut-Laos et Tonkin, Nam-Ou.

PIERIDÆ

Hebomoia Glaucippe, Linné.

Entre Haut-Tonkin et Laos, Nam-Ou; Haut-Tonkin, Rivière-Noire.

Seulement des ♂; très petite forme.

Ixias Pyrene, Cramer (125 A).

Haut-Tonkin, Rivière-Noire.

Beaucoup d'exemplaires variant un peu pour la taille.

Eronia Valeria, Cramer.

Entre Haut-Tonkin et Laos; Rivière-Noire.

Pieris Pyramus, Wallace.

Haut-Tonkin, Rivière-Noire.

Un seul ♂ de petite taille.

Pieris Autonoe, Stoll.

Haut-Tonkin, Rivière-Noire.

Pieris Pasithoe, Linné.

Haut-Tonkin, Rivière-Noire.

Paraît être dans cette région une espèce extrêmement abondante. Le type est relativement d'assez belle taille, contrairement à ce que nous avons observé pour d'autres espèces.

Pieris Agostina, Hewitson.

Haut-Tonkin, Rivière-Noire.

Forme comme au Sikkim.

Pieris Watsoni, Hewitson.

Haut-Tonkin, Rivière-Noire.

Pieris Lalage, Dbd.
Pieris Indra, Moore.
Pieris Hira, Moore.
Pieris Nama, Moore.

Ces Piérides blanches ont été recueillies au Haut-Tonkin. Les ♂ ne paraissent pas rares; mais les ♀ semblent être infiniment moins abondantes. Généralement les exemplaires du Haut-Tonkin sont plutôt de taille médiocre.

Pieris Eleonora, Bdv. (Sp. général, n° 64).

Deux ♂ du Haut-Tonkin.

Pieris Domitia, Felder.

Entre Haut-Tonkin et Laos, Nam-Ou; Haut-Tonkin, Rivière-Noire.

Belle Piéride à ailes rouges, dont le ♂ varie quelquefois dans le même lieu du rouge orange au rouge carminé. Au Tonkin ces deux formes de coloration existent. La ♀ est aussi très variable suivant les localités; malheureusement il n'y avait que des ♂ dans la récolte du prince Henri d'Orléans.

Pieris Albina, Bdv.

Entre Haut-Tonkin et Laos, Nam-Ou.
Beaucoup d'exemplaires ♂.

Pieris Gliciria, Cramer.

Haut-Tonkin, Rivière-Noire.

Pieris Ajaka, Moore.

Haut-Tonkin.
C'est la forme australe de la sibérienne *Melete*, Ménétriès.

Terias Sari, Bdv.

Haut-Tonkin, Rivière-Noire.

DANAIDÆ

Danais Chrysippus, Linné.

Haut-Tonkin.
Un des Papillons les plus répandus dans l'Afrique australe et la région indienne.

Danais Plexippus, Linné.

Vole abondamment dans tout l'Indo-Chine.

Danais Aglea, Cramer.

Haut-Tonkin.

Danais Septentrionis, Butler.

Haut-Tonkin.

Danais Tytia, Cramer.

Haut-Tonkin.
Se retrouve jusqu'en Mandchourie.

Danais Menelaus, Cramer.

Haut-Tonkin.

Euplœa Limborgii, Moore.

Haut-Tonkin, un ♂.

Euplœa Midamus, Linné.

Haut-Tonkin, trois ♂.

NYMPHALIDÆ

Argynnis Niphe, Linné.

Haut-Tonkin, une ♀.

Cethosia Biblis, Cramer.

Haut-Tonkin, un ♂, très petit.

Cynthia Rotundata, Butler.

Haut-Tonkin.

Cynthia Arsinoe, Fabr.

Haut-Tonkin, trois ♂ de petite taille.

Junonia Lemonias, Linné.
Junonia Laomedia, Linné.
Junonia Almana, Linné.
Junonia Veda, Kollar.

Toutes du Haut-Tonkin ; généralement plus petites que dans le Su-Tchuen.

Precis Iphita, Cramer.

Haut-Tonkin.
Forme d'une couleur très grise.

Laogona Lucina, Cramer.

Haut-Tonkin, Rivière-Noire, un ♂.

Ergolis Minorata, Moore.

Haut-Tonkin, Rivière-Noire.

Cyrestis Thyodamas, Dbd.

Haut-Tonkin, Rivière-Noire.

Il est curieux d'observer que les *Cyrestis*, dont les ailes sont ornées de dessins si compliqués, sont symétriques côté à côté, alors que les Papillons d'autres genres à dessins également nombreux, comme les *Urania* et *Cydimon*, ne présentent aucun cas de symétrie.

La loi qui régit les *Cyrestis* est tout à fait différente de celle qui régit sous ce rapport les *Urania*.

Cyrestis Formosa, Felder.

Haut-Tonkin.

Doleschallia Pratipa, Felder.

Haut-Tonkin.

Euripus Consimilis, Westwood.

Haut-Tonkin.

Une seule ♀ semblable à celle qui est figurée dans la notice publiée par M. Poujade sur les Lépidoptères recueillis au Laos par M. Pavie (*Nouv. Archives du Muséum*, 3e série; *Mémoires*, tome III, pl. 2, fig. 3).

Hestina Nama, Dbd.

Haut-Tonkin, Rivière-Noire.

Deux ♂ et une ♀, semblables à la forme du nord de l'Inde.

Limenitis Daraxa, Dbd.

Haut-Tonkin, un ♂.

Athyma Zeroca, Moore.

Haut-Tonkin, un ♂.

Athyma Selenophora, Kollar.

Haut-Tonkin, un ♂.

Neptis Miah, Moore.

Plusieurs ♂ de la Rivière-Noire.

Neptis Soma, Moore.
Neptis Varmona, Moore.
Neptis Nandira, Moore.

Ces trois *Neptis* sont du groupe d'*Aceris*, qui a le fond des ailes noir à taches blanches; elles ont été récoltées à la Rivière-Noire et à Nam-Ou et paraissent abondantes.

Apatura Parisatis, Westwood.

Deux ♂ du Haut-Tonkin.

Apatura Namouna, Dbd.

Un très beau ♂ du Haut-Tonkin; même forme qu'au Sikkim.

Dilipa Morgiana, Westwood.

Belle Apaturide brune à taches fauves avec un reflet doré, paraissant assez abondante à la Rivière-Noire.

Adolias Phemius, Dbd.

Un ♂ du Haut-Tonkin.

Symphædra Boisduvalii, Bdv.

Haut-Tonkin, Rivière-Noire.

Les deux sexes se trouvent dans la collection rapportée par le prince Henri d'Orléans. La ♀ a les taches des ailes jaune clair.

Charaxes Eudamippus, DBD.

Haut-Tonkin.

Charaxes Nepenthes, H. Gr.-Smith.

Espèce nouvellement décrite de Siam. Le prince Henri d'Orléans en a capturé un exemplaire ♂ dans le Haut-Tonkin.

Charaxes Pleistoanax, Felder.

Rivière-Noire.

Charaxes Marmax, Westwood.

Haut-Tonkin.

Charaxes Athamas, Drury.

Entre Laos et Tonkin, Nam-Ou; Rivière-Noire.
Plusieurs ♂.

MORPHINÆ

Clerome Assama, Westwood.

Une superbe ♀ du Haut-Tonkin.

LIBYTHEINÆ

Libythea Myrrha, Godart.
Haut-Tonkin.

LYCÆNIDÆ

Lycæna Roxus, Godart.

Haut-Tonkin.

HESPERIDÆ

Entheus bicolor, Oberth. (pl. IV; ♂, fig. 36).

Haut-Tonkin.

Décrit d'après deux ♂ semblables entre eux.

En dessus comme en dessous, le corps et les ailes sont jaune orangé tacheté de noir.

Les ailes supérieures ont le bord externe largement lavé de noir, depuis le bord costal jusqu'auprès de l'angle interne. Cette large partie noire est finement traversée par des traits jaunes qui limitent des séries de triangles noirs contigus et s'insérant les uns dans les autres. La base et le milieu de ces ailes sont marqués de huit taches noires irrégulières, dont deux dans la cellule, trois au-dessous et trois costales au-dessus. Les ailes inférieures ont une tache noire à la base, deux de forme ronde vers le milieu et deux rangées de taches noires d'abord sagittées, puis plus ovalisées. L'une de ces rangées est contiguë au bord externe, l'autre est submarginale; vers l'apex, les taches sagittées de ces deux rangées s'entre-croisent.

Le thorax est marqué de deux taches noires près du collier, l'abdomen de trois anneaux noirs, le plus large est contigu au thorax.

Les pattes et les palpes sont jaunes.

Le dessous ne diffère guère du dessus que par la forme des taches noires aux inférieures et aussi un peu aux supérieures.

HETEROCERA

HYPSIDÆ

Aganais Dominia, Cramer.

Une ♀ du Haut-Tonkin.

NYCTEMERIDÆ

Pterothysanus Orleans, Obthr. (pl. IV; ♂, fig. 37).

Haut-Tonkin. Dédiée à S. A. R. Mgr le prince Henri d'Orléans qui a recueilli un seul ♂ de cette intéressante *Nyctemeride*.

Taille et port de *Noblei*, Swinhoë (P. Z. S. 1889, pl. XLIV, fig. 3); comme *Noblei*, bordée de points rouges, mais presque entièrement noire en dessus et en dessous. Sur les ailes supérieures, il reste quatre petits points blancs costaux, dix points ou traits blancs le long du bord externe et deux taches blanches de forme irrégulière le long du bord interne. Aux ailes inférieures, les nervures sont tracées en blanc sur le fond noir, le bord anal est blanc et une bande blanche dentelée, sans doute formée par la confluence de points blancs, surmonte, le long du bord terminal, une série régulière de points noirs intranervuraux; cette série de points se prolonge sur les ailes supérieures, mais se confond dans la confluence avec la teinte noire du fond.

La tête est rouge; le thorax noir et blanc; l'abdomen rougeâtre ponctué de noir.

Le dessous reproduit assez exactement le dessus.

SATURNIDÆ

Attacus Atlas, Linné.

Le prince Henri d'Orléans a fait l'élevage de ce géant des Lépidoptères. Il a rapporté un cocon d'une soie gris argenté, très fine, tissé sur la branche et la feuille d'un arbre, de telle façon que la feuille forme le fond même du cocon, à peu près comme une carène de barque. Le cocon est très solidement fixé sur cette feuille et assez loin sur la branche.

Le papillon est vivement coloré et d'assez grande dimension.

PHALÆNIDÆ

Cyclidia Substigmaria, Hübner.

Haut-Tonkin, Rivière-Noire.

Un seul exemplaire de couleur très claire.

II

LÉPIDOPTÈRES D'AFRIQUE

Depuis quelques années, nous avons reçu plusieurs collections intéressantes formées dans diverses parties de l'Afrique. Nous en sommes redevable à nos respectables amis MM. les Missionnaires catholiques, Mgr A. Le Roy, autrefois à Bagamoyo, l'un des premiers voyageurs qui aient visité le massif des montagnes du Kilimandjaro, actuellement évêque titulaire d'Alinda et vicaire apostolique du Gabon; R. P. Guillemé; R. P. Gommenginger; R. P. Machon; R. P. Paris; M. Humblot, administrateur à la Grande-Comore; M. Gazengel, également administrateur au Congo français; M. Conradt, jadis dans l'Usambara et MM. Perrot frères, de Madagascar.

Parmi les Lépidoptères ainsi récoltés dans différentes régions de l'Afrique tropicale, nous avons cru distinguer un certain nombre d'espèces nouvelles et nous nous sommes efforcé de témoigner notre gratitude à ceux qui les avaient découvertes en assurant par des figures exactes la connaissance des Papillons dont nous leur sommes redevable.

Acræa Thelestis, Obthr. (pl. III; ♂, fig. 33).

Gabon (in coll. Boisduval).

L'*Acræa Thelestis* appartient, par ses ailes en partie transparentes, au groupe de *Pentapolis*, *Vesperalis*, etc. Elle est un peu plus grande que *Pentapolis;* les ailes supérieures dans les deux espèces sont à peu près semblables, c'est-à-dire hyalines et luisantes, avec une tache formée d'atomes brunâtres, allongée, descendant de l'espace cellulaire vers l'angle interne et un rembrunissement le long du bord costal, vers l'apex et le bord marginal.

Aux ailes inférieures, l'*Acræa Thelestis* présente une tache d'un fauve orangé, mat, occupant l'espace compris entre la nervure sous-costale et le bord anal; le reste de la surface des ailes inférieures est hyalin avec un rembrunissement le long du bord marginal. Sur la tache fauve orangé, on aperçoit dix ou onze taches plus ou moins noires, pas très grosses. Ces mêmes taches sont beaucoup plus accentuées en dessous.

L'abdomen est noir en dessus, avec une série de taches latérales jaunâtres, gris jaunâtre en dessous, accompagné de chaque côté d'une ligne jaunâtre.

Je ne possède qu'un seul ♂.

Acræa Epidica, OBTHR. (pl. III; ♂, fig. 27).

Usambara, Pangani (Afrique orientale); découverte par le voyageur L. Conradt, en 1891.

Du groupe de la précédente espèce; comme celle-ci hyaline, mais avec les ailes supérieures beaucoup plus rembrunies, principalement sur le disque. Les ailes inférieures, vers la base et le long du bord anal, sont recouvertes en dessus d'une tache jaune nankin avec des points noirs, spécialement vers la base, où ils forment un amas serré. En dessous, les points noirs sont plus développés et la couleur de la tache jaunâtre est devenue un peu ferrugineuse.

Chez l'*Acræa Vesperalis*, H. Gr.-Sm., les taches brunâtres des ailes supérieures ont la même forme que dans *Epidica*; mais ces taches sont plus noires chez *Epidica*.

Je possède un seul ♂.

Acræa Strattipocles, OBTHR. (pl. I; ♂, fig. 9; pl. III; ♀, fig. 25).

Madagascar (Antsianaka et lac Alaotra); découverte par MM. B. et E. Perrot pendant le deuxième trimestre de l'année 1889.

Voisine de *Masamba*, Ward et *Sambawæ*, Ward. Même aspect général et même couleur jaune acajou. C'est cependant de *Masamba* que *Strattipocles* se rapproche le plus.

Les ailes supérieures, dans *Strattipocles*, sont un peu moins aiguës vers l'apex; dans leur ensemble, elles sont plus arrondies. La partie fauve, aux supérieures, en dessus, s'avance de la base jusqu'à l'extrémité de la cellule; la bordure marginale noirâtre est intérieurement moins dentelée et ne forme pas, comme chez *Masamba*, une sorte de feston, d'où il résulte que, dans cette dernière espèce, les taches intranervurales, vitreuses aux supérieures et fauves aux inférieures, ont leur extrémité, au contact du bord extérieur, un peu arrondie en forme de lobe. Les ponctuations noires des ailes inférieures sont moins étendues chez *Strattipocles* que chez *Masamba*, leur base suit une direction plus droite à partir du bord anal.

MM. Perrot, qui chassent à Madagascar depuis plusieurs années, nous ont envoyé un assez grand nombre d'*Acræa Sambawæ*, *Masamba*, *Strattipocles*, *Silia*, etc. Nous sommes convaincu, par l'examen des documents de notre collection, que ces quatre *Acræa* constituent des espèces tout à fait distinctes entre elles, offrant quelquefois d'intéressantes variations, mais ne nous ayant jamais laissé aucun doute quant à l'attribution d'un individu à telle ou telle espèce.

Les ♀ sont généralement plus rares que les ♂.

Acræa Chæribula, ОВТНR. (pl. II; ♂, fig. 16).

Lac Tanganika; recueillie par notre compatriote, M. le R. P. Guillemé, missionnaire apostolique.

Ressemble beaucoup à *Acrita*, Hew., dont notre collection renferme de nombreux exemplaires provenant du Zanguebar (Tabora, Mrogoro, Uruguru).

Diffère par la tache apicale noirâtre beaucoup plus développée que dans *Acrita*, par la forme des ailes un peu moins aiguë, par la teinte fauve, généralement moins rosée et plus brune.

Peut-être est une forme géographique d'*Acrita*?

Je possède un seul ♂ en très bon état de conservation.

Acræa Guillemei, ОВТНR. (pl. I; ♂, fig. 1).

Lac Tanganika; dédiée à M. le R. P. Guillemé, qui l'a découverte.

Espèce assez frêle, du groupe d'*Acrita*, remarquable par le ton uniforme de sa couleur fauve rosé, assez vif en dessus, plus pâle en dessous.

L'apex en dessus est assez largement teinté de noir; les nervures aux ailes supérieures s'empâtent de noir en approchant du bord marginal; les points ordinaires aux ailes inférieures sont moins serrés vers la base et plus également répartis sur toute la surface que dans les espèces similaires. La bordure marginale, éclairée en dessous par des points intranervuraux jaunâtres, se reproduit en noir sur le dessus.

Il n'y a dans l'espace basilaire des ailes inférieures, en dessous, aucun changement de couleur, ainsi que cela se remarque, au contraire, dans *Acrita* et autres espèces analogues. Les ailes supérieures, roses à la base, sont un peu teintées de fauve vers l'apex et le bord marginal en dessous. En outre, la pointe apicale est ornée de petites taches intranervurales jaune olivâtre.

La frange est gris jaunâtre.

Je possède un seul ♂ très frais.

Acræa Periphanes, Obthr. (pl. II ; ♂, fig. 23).

Lac Tanganika (R. P. Guillemé).

Se place près d'*Oncæa*, Hopffer et de *Neluska*, Obthr. Diffère de celle-ci en dessus par sa couleur plus rouge, la direction plus droite de la dernière série des points noirs aux ailes inférieures, la bordure noire marginale plus large, l'extrémité des nervures empâtée de noir à la rencontre de cette bordure marginale.

En dessous les ailes de *Periphanes* sont d'un rose plus vif ; le contour intérieur de la bordure maculaire marginale des inférieures est plus droit et non pas ondulé comme chez *Neluska*.

J'ai reçu un seul ♂ très bien conservé.

Acræa Regalis, Obthr. (pl. II ; ♂, fig. 20).

Magnifique espèce découverte par M. le R. P. Le Roy, missionnaire apostolique, depuis préconisé évêque titulaire d'Alinda et vicaire apostolique du Gabon, pendant le voyage qu'il effectua, en 1890, au Kilimandjaro (Afrique Orientale).

Voisine de *Bræssia*, Godman, également trouvée au Kilimandjaro par M. le R. P. Le Roy, d'*Artemissa*, Stoll, de *Doubledayi*, Guérin, etc. Comme ces *Acræa*, la *Regalis* a l'abdomen long, noir à sa partie antérieure, puis marqué d'un peu d'ocre jaune, ensuite largement blanc pur et se terminant enfin par l'extrémité anale ocre jaune.

En dessus, les ailes supérieures sont d'un fauve vif qui devient un peu rosé sur le disque ;

il y a un point noir dans la cellule et deux points noirs juxtaposés à la clore. Au-delà de la cellule, on voit quatre points noirs alignés en décrivant légèrement un arc. Ces quatre points noirs sont suivis vers l'apex d'une éclaircie blanc rosé et d'une tache hyaline triangulaire ne montant pas jusqu'au point noir le plus près du bord costal, mais s'arrêtant dans le prolongement nervural de l'avant-dernier. Dans l'espace médian, au-dessous de la cellule, il y a encore deux points noirs superposés.

Les ailes inférieures sont rose vif, bordées de noirâtre; les points noirs du dessous transparaissent légèrement.

En dessous, les ailes supérieures reproduisent le dessus, mais en plus pâle.

Les ailes inférieures sont fauve grisâtre, bordées d'une ligne noire un peu festonnée qui entoure sept lunules marginales gris jaunâtre; vers la base et le bord anal on distingue quelques taches roses. Sur toute la surface, depuis la base, il y a des points noirs disposés à peu près comme dans l'*Acræa Bræsia*.

Je possède un seul ♂ d'une conservation parfaite.

Acræa Thesprio, Obthr. (pl. III; ♂, fig. 34).

Zanguebar (R. P. Le Roy, Gommenginger et Machon).

Du groupe de *Polydectes*, Ward, *Perenna*, Dbd., etc. Espèce à ailes supérieures longues et un peu falquées, différant de *Perenna*, parce que l'espace cellulaire et extra-cellulaire, au lieu d'être brun noirâtre, est fauve pâle.

En outre, les trois taches noires, alignées au-delà de la cellule dans *Perenna*, ne sont pas en ligne droite dans *Thesprio;* les deux supérieures sont beaucoup plus rapprochées de la tache noire qui clôt la cellule; seule, la troisième de ces taches noires est à peu près à la même place relative dans les deux *Acræa*.

Les mêmes différences se reproduisent en dessous.

Ma collection renferme de nombreux exemplaires de *Perenna*, venant de Quango (Major v. Mechow), du Vieux-Calabar et de Sierra-Leone. Je possède quatre ♂ de *Thesprio*, bien semblables entre eux et qui m'ont été successivement envoyés par les trois missionnaires dont les noms sont relatés plus haut.

Il serait possible que *Thesprio* fût la forme de la côte orientale et *Perenna*, celle de la côte occidentale d'une même espèce d'*Acræa*.

Quant à *Polydectes*, Ward, dont j'ai le *specimen typicum*, elle est peut-être aussi une forme très robuste et agrandie de *Perenna*.

Acræa Orinata, Obthr. (pl. II; ♂, fig. 22).

Congo (Oubanghi, à 1,200 kilomètres de la côte); récolté par le R. P. Paris, en 1890.

Ressemble beaucoup à *Orina*, Hew. Diffère en dessus par la place relative des taches fauves extra-cellulaires plus éloignées vers l'apex chez *Orina*, plus rapprochées de l'extrémité de la cellule dans *Orinata*.

Diffère en dessous par la teinte jaunâtre qui colore dans *Orinata* le bord externe, l'apex et le bord costal de l'aile supérieure, le milieu de cette aile dans *Orinata* restant teinté de fauve, tandis que dans *Orina*, la surface entière de l'aile supérieure est uniformément d'un fauve rougeâtre. En outre, en dessous, *Orina* présente deux taches noires extra-cellulaires qui manquent absolument dans *Orinata*.

L'exemplaire figuré par Hewitson (*Exot. Butterfl.*, V. *Acræa*, VII, 43, 48) est peut-être une aberration et non pas la forme normale. Hewitson prévient, d'ailleurs, qu'il a trouvé *Orina* variable quant au nombre et à la confluence des taches noires en dessous.

Il peut donc se faire que *Orina* et *Orinata* soient deux formes d'une même espèce.

Acræa Conradti, Obthr. (pl. I; ♂, fig. 10).

Usambara, dans l'Afrique orientale; découverte en 1891, par M. L. Conradt, à qui je fais la dédicace de cette jolie espèce.

L'*Acræa Conradti* n'est pas plus grande que l'*A. Viridia*, Hewitson. En dessus, les ailes supérieures ont le disque d'un fauve rouge divisé en trois taches par les nervures. Le bord costal est noir; l'apex est très largement noir avec une tache extra-cellulaire hyaline que les nervures divisent en trois; le bord externe et le bord interne sont également noirs, de façon que la tache fauve discale est tout entourée de noir. Cependant on voit un filet fauve rouge le long du bord interne dans la partie noire.

Les ailes inférieures sont de même couleur fauve rouge que les supérieures, avec la base parsemée d'un épais semis de points noirs et rembrunie d'atomes noirâtres, tandis que le bord anal devient plus pâle et un peu jaunâtre. Le bord externe est largement bordé de noir; le bord anal est très finement au contraire liséré de noir.

En dessous, aux ailes supérieures les taches fauve et hyaline sont comme en dessus; mais la tache fauve est bien plus pâle.

Sur le fond brun noirâtre de la côte, de l'apex et du bord externe, le pli au centre de chaque nervure est, parallèlement auxdites nervures, indiqué par un trait brun vif au milieu d'un semis d'écailles jaune olivâtre; il en est de même aux ailes inférieures, le long de la bordure marginale; celles-ci ont le disque chamois pâle avec la base un peu olivâtre et les points noirs ordinaires très vifs et très marqués.

Les palpes et les pattes sont jaune chamois; le corps est noir, marqué de taches et lignes jaune chamois.

Acræa Apecida, Obthr. (pl. II; ♀, fig. 15).

Usambara, dans l'Afrique orientale (L. Conradt).

Du groupe de *Cabira, Sotikensis, Eponina,* etc.; diffère en dessus de *Sotikensis,* Miss Sharpe (P. Z. S. 1891, XLVIII, 1) que M. le R. P. Guillemé nous a aussi envoyée du Tanganika, par la teinte plus uniforme des parties fauves. Dans *Sotikensis,* la tache apicale est jaune citron et les taches basilaire et médiane, celle-ci commune aux deux ailes sont fauve orangé vif. Chez *Apecida* la teinte fauve est partout plus égale et moins vive; cependant la tache apicale devient plus claire vers le bord costal; la partie basilaire est aussi plus noircie dans *Sotikensis* que dans *Apecida.*

En dessous les différences aux ailes supérieures sont pour les deux espèces analogues au dessus. Aux ailes inférieures chez *Sotikensis* l'espace médian est plus rosé, tandis que dans *Apecida,* il est jaune nankin et les deux lignes de points noirs qui descendent du bord costal au bord anal, enceignant trois taches fauve orangé, sont dans *Sotikensis* plus épaisses et plus droites.

Les palpes et les pattes sont fauve clair, l'abdomen est noir latéralement très ponctué de jaune sur chaque anneau, les incisions des anneaux de l'abdomen sont jaunes.

M. Conradt nous a envoyé quatre ♂ et une ♀ semblables entre eux.

Acræa Cappadox, Obthr. (pl. I; ♂, fig. 2).

M. le R. P. Le Roy a rapporté deux ♂ de son voyage au Kilimandjaro, en 1890.

Intermédiaire entre *Serena* et les espèces du groupe d'*Eponina*. Diffère en dessus de *Serena* par le bord interne de ses ailes supérieures et la base de ses inférieures noircie comme dans *Apecida*, c'est-à-dire un peu moins que dans l'*A. Eponina*, Cramer (268, A, B).

En dessous, diffère d'*Eponina* par la largeur plus grande de la bordure marginale de ses ailes inférieures, et par le caractère de cet élargissement qui est une bande brune juxtaposée à la série intranervurale de chevrons marginaux. Par transparence, on voit très bien cette ligne brune contiguë et immédiatement supérieure à la dentelure cunéiforme marginale.

Il y a, me semble-t-il, plusieurs espèces ou formes confondues sous le nom d'*Eponina*. Ma collection contient des séries quelquefois assez nombreuses d'exemplaires provenant d'Abyssinie, d'Angola, de Boké (Sénégambie), du Gabon, du fleuve Quango, du Bénin. Je vois des différences assez sensibles suivant les localités. Ces différences portent principalement sur l'envahissement des parties brun noir sur les parties fauves et sur la forme de ces taches brun noir. Dans chaque localité ces détails paraissent avoir assez de fixité.

Acræa Planesium, Obthr. (pl. I; ♂, fig. 11).

Voyage au Kilimandjaro de M. le R. P. Le Roy, en 1890.

Petite espèce du groupe d'*Eponina*, facile à distinguer des espèces affines par ses ailes inférieures en dessous, présentant une seule ligne de points noirs confluents, relativement épais, descendant droit du bord costal au bord anal. L'espace jaune entre cette ligne de points noirs et la bordure marginale cunéiforme est plus large que dans les espèces voisines.

Les pattes, les palpes et les taches du corps, dans les *Acræa Planesium* et *Cappadox* paraissent être comme dans *Eponina*.

Acræa Serena Fabr.; aberr. **Melas** Obthr. (Pl. I; ♂, fig. 13).

Les aberrations dans les Lépidoptères de la faune tropicale paraissent être plus rares que chez ceux de la faune boréale tempérée; cependant les mêmes lois de variation par albinisme et mélanisme régissent partout tous les êtres créés. Le Papillon, dont nous reproduisons la figure dans le présent ouvrage, est une aberration mélanienne des plus caractérisées de l'*Acræa serena*, espèce si abondamment répandue dans l'Afrique équatoriale. Les ailes en dessus sont noires, plus foncées sur le milieu que près des bords; on aperçoit une éclaircie jaunâtre près du bord anal et trois petites taches ovales jaunâtres, au-delà de la cellule. La base a un reflet un peu rougeâtre. En dessous, le milieu des ailes est noir; la base des supérieures est fauve; le bord externe des ailes est jaunâtre avec le pli qui est au centre de chaque nervure, orangé; le bord costal et quelques nervures des ailes inférieures sont jaunâtres. J'ignore la patrie de ce curieux Papillon. Il me vient de la collection Ward.

Acræa Proteina, Obthr. (pl. I; ♂, fig. 4; pl. II, fig. 14, 19, 21; Pl. III, fig. 29).

Urogoro (R. P. Le Roy) et Usambara, dans l'Afrique orientale (L. Conradt).

En dessus, les ailes supérieures portent quatre taches disposées deux par deux, assez symétriquement; ces taches sont blanches ou fauve clair et le fond des ailes est noir, brun ou d'un fauve rougeâtre. Il convient d'observer que celle de ces quatre taches qui est plus près du bord costal, est divisée par les nervures en trois ou quatre parties.

Les ailes inférieures ont la base plus ou moins noirâtre et l'on y voit transparaître la ponctuation du dessous. Elles ont le bord externe noir ou brun, ou encore noir et brun rouge et le milieu est occupé, du bord costal au bord anal, par une large tache blanchâtre, jaunâtre ou fauve, s'enfonçant un peu en une pointe émoussée dans la bordure noirâtre, au-delà de la cellule.

Le dessous reproduit le dessus avec atténuation des teintes; les points noirs très serrés près de la base des ailes inférieures, sont vivement marquées; le bord externe des quatre ailes est gris jaunâtre; les nervures sont écrites en brun ou en noir et le pli, qui est entre les nervures est tantôt marqué en noir vif, tantôt à peine distinct de la teinte du fond.

Les palpes sont jaune fauve avec l'extrémité noire; les pattes ont le premier article fauve orangé; au reste, elles sont noires; l'abdomen est noir avec le dessous et une double ponctuation latérale orangés.

L'exemplaire figuré sous le n° 4 de la pl. I, brun noir en dessus avec les taches jaune nankin, a été récolté au Mrogoro, par le R. P. Le Roy; les autres viennent tous de l'Usambara et y ont été pris par M. Conradt. Le n° 14 de la pl. II, noir en dessus à taches blanches, peut être considéré comme appartenant à la forme normale. Ma collection en contient trois ♂ presque semblables entre eux. Le n° 29 de la pl. III a le fond des ailes brun un peu rougeâtre avec taches blanches aux supérieures et tache fauve aux inférieures.

Le n° 19 de la pl. II a au contraire la tache des ailes inférieures blanchâtre et les taches des supérieures chamois. En outre le fond des ailes supérieures, depuis la base jusqu'à la bordure marginale, est lavé de fauve.

Chez le n° 21 de la pl. II, le lavis fauve envahit les quatre ailes. J'en possède un second exemplaire à peu près semblable à celui-ci.

J'ai désigné ces variétés sous les noms suivants :

Acræa Proteina, forma typica (pl. II, fig. 14).
Acræa Proteina flavescens (pl. I, fig. 4).
Acræa Proteina semialbescens (pl. III, fig. 29).
Acræa Proteina semifulvescens (pl. II, fig. 19).
Acræa Proteina fulvescens (pl. II, fig. 21).

Acræa Kilimandjara, Obthr. (pl. II; ♂, fig. 17).

Rapportée de son voyage au Kilimandjaro, en 1890, par M. le R. P. Le Roy.

Espèce voisine de *Proteina* et paraissant relier cette dernière au groupe de l'*Acræa Esebria*, Hewitson; comme *Proteina* marquée aux ailes supérieures, en-dessus, de quatre taches, placées de même deux à deux; celle de ces taches qui est plus près du bord costal, étant divisée par les nervures en trois ou quatre parties; le bord externe est moins droit dans *Kilimandjara* que dans *Proteina* et un peu creusé de façon que l'apex est légèrement saillant.

Ailes inférieures comme dans *Esebria*, Hew. (*Exot. butt.* II. *Acræa*, II, fig. 12), c'est-à-dire avec une tache discale jaune clair, s'étendant le long du bord anal et dentelée dans son contour extérieur par la pénétration des plis intranervuraux marqués en noir.

Le dessous diffère du dessus par l'atténuation des couleurs; le fond des supérieures est brun noirâtre pâle; les quatre taches sont jaune nankin très clair; l'apex, le bord externe, le bord interne et même un peu l'intérieur de la cellule sont couverts d'atomes jaune olivâtre. Les inférieures sont jaune olivâtre, avec le disque plus clair; la base rougeâtre, quelques points noirs tout près de la base et les plis intranervuraux au-delà de l'espace cellulaire marqués de noir.

Les pattes sont fauves au premier article et brun clair au reste; l'abdomen est comme dans *Proteina*, mais plus uniformément orangé en dessous. Les palpes sont fauves avec l'extrémité noire.

Acræa Masaris (Bdv. in Mus.) Obthr. (pl. I; ♂, fig. 3, 12; pl. II; ♂, fig. 18; pl. III; ♀, fig. 30).

Iles Comores (L. Humblot); Anjouan (in coll. Bdv.).

L'*A. Masaris*, présente deux formes, une à taches blanches et une à taches fauve orangé et quelquefois une troisième forme intermédiaire entre les deux premières; mais cette forme de transition est bien plus rare.

L'*Acræa Masaris* diffère d'*Escbria* Hew., par sa forme moins allongée et la contexture plus délicate de ses ailes. L'*A. Escbria*, qui présente aussi une forme à taches blanches, une autre à taches jaune nankin et une troisième à taches fauve orangé, avec toutes les transitions entre ces trois formes, habite Natal et la côte du Zanguebar. Je possède aussi du Gabon une forme très affine et qui n'est peut-être que la modification géographique occidentale de l'orientale *Escbria*.

Sans doute *Masaris* est la forme insulaire d'*Escbria*; car la race à taches blanches de *Masaris*, plus robuste que la forme à taches fauves, ne diffère guère d'*Escbria* blanche que par une taille moins grande, des ailes plus minces et un aspect presque transparent.

Masaris, à taches fauves, est d'un faciès bien plus distinct, étant sensiblement plus petite et plus délicate encore que celle à taches blanches.

J'ai cru devoir faire figurer cette *Acræa* et la distinguer par un nom, tant elle diffère d'*Escbria* dans son aspect général, quand on compare un grand nombre d'individus. Cette différence, qui est moins sensible, lorsque deux exemplaires, l'un de Natal et l'autre des Comores sont côte à côte, devient très frappante lorsque la comparaison s'étend sur une nombreuse série.

Ma collection contient trente-trois *Masaris* à taches fauves, vingt à taches blanches, et trente-deux *Escbria*, des diverses colorations et localités continentales.

Acræa Cynthius? Drury (Pl. I; ♂, fig. 5).

Gabon; Vieux-Calabar, Sierra-Leone.

Boisduval avait déterminé dans sa collection *Cynthius*, Drury, l'*Acræa* que je figure dans la présente livraison et que toutes les collections possèdent comme provenant de la côte occidentale d'Afrique. M. Ward avait déterminé *Cynthius*, Drury, comme Boisduval l'avait fait lui-même, le Papillon en question et je pense que c'est sous ce nom de *Cynthius* qu'il est étiqueté presque partout, suivant une tradition qui me paraît cependant douteuse. Si, en effet, la figure publiée par Drury (*Illustrations of natural history*, III, pl. XXXVII, peut à la rigueur convenir au dessus de notre *Acræa*, le dessous représenté par cet auteur sous le n° 6 de la même planche en diffère absolument, aussi bien dans l'édition originale de 1782 que dans la réédition faite par Westwood, en 1837.

Il est vrai que dans sa description, Drury ne fait pas ressortir entre le dessus et le dessous la différence que la figure de son ouvrage accuse, quant à la bande jaune, transverse, commune aux deux ailes. Il se borne à dire que : « toutes les ailes sont plus pâles qu'en dessus. La bande et la pièce ne sont point si visibles que sur les supérieures. »

Néanmoins, l'artiste qui a exécuté le dessin, quelque varié qu'ait pu être son modèle, a usé de haute fantaisie en interprétant, comme il l'a fait, le dessous de l'*Acræa Cynthius*; pourvu toutefois que l'espèce figurée dans l'ouvrage de Drury soit bien celle que les entomologistes paraissent s'accorder à regarder comme telle.

Ce qui me fait douter cependant que l'identification soit exacte et ce qui prouve au moins le trouble résultant de la figure publiée par Drury, c'est la synonymie que M. Trimen, dans son ouvrage, *Rhopalocera Africæ Australis*, London, 1862-66, p. 108, donne de l'*Acræa Cynthius*. Cet auteur, si compétent en Lépidoptérologie africaine, cite *Eponina*, Cramer, 268, A, B, comme synonyme de *Cynthius*, Drury. Si le dessous des ailes peut permettre cette réunion, le dessus s'y oppose cependant absolument. Aussi M. Trimen n'aura sans doute pas formulé cette opinion sans bien des hésitations et sans y apporter même quelque restriction.

Il faut encore considérer que nous sommes toujours trop enclins à vouloir toujours identifier les documents que nous possédons à l'époque actuelle avec ceux dont disposaient les anciens auteurs. Nous nous persuadons trop facilement connaître tout ce que les anciens connaissaient eux-mêmes. Bien des fois, j'ai constaté l'illusion de cette présomption. Assurément nous avons des collections nombreuses provenant de pays que nul ne visitait, il y a un siècle, dans le but d'y recueillir des insectes. Mais par contre, il y a bien des régions autrefois habitées par d'habiles entomologues et que de longtemps aucun chasseur de Papillons n'est retourné explorer.

Il convient donc d'être très réservé en matière de déterminations, lorsque les figures des anciens auteurs ne concordent pas suffisamment avec nos insectes.

Quoique cela, je n'ai pas osé aller contre la tradition admise et donner un nom nouveau à l'*Acræa* dont l'identification avec la figure de Drury me paraît très problématique. Mais j'ai profité de la circonstance qui m'a fait publier quelques *Acræa* africaines, pour offrir une figure certainement exacte de l'*Acræa* présumée *Cynthius*, Drury.

Acræa Machoni, Obthr. (Pl. III; ♂, fig. 28).

Zanguebar (Nguru); découverte par M. le R. P. Machon, missionnaire apostolique à qui j'offre la dédicace de cette *Acræa*.

Ressemble à la ♀ de la variété *Excisa*, Butler d'*Eurita*, Hew. (*Exot. butterfl.*, IV, *Acræa* V, ♀, 31), mais les deux sexes dans *Machoni* sont assez semblables et n'offrent pas la différence considérable que paraissent présenter les deux sexes d'*Eurita Hew.*, var. *Excisa*, Butler.

Le ♂ de *Machoni*, comme du reste la ♀, diffère en dessus de la ♀ *Eurita-Excisa* par une taille plus petite, les ailes plus allongées, ayant le fond d'un noir assez vif avec les parties blanches d'une teinte pure; en outre, la bordure marginale des ailes inférieures est nettement limitée dans *Machoni* et nullement fondue sur son bord intérieur.

Le dessous reproduit à peu près le dessus, mais présente à la base des ailes inférieures une tache brun vineux, ponctuée de noir et bien limitée par la partie blanche. En dessous, la bordure marginale noire des ailes inférieures est plus fondue qu'en dessus.

La ♀ diffère du ♂ en dessus, par le fond noir des ailes moins vif, par une éclaircie blanchâtre assise sur le bord interne des ailes supérieures, par la tache blanche subapicale des mêmes ailes rétrécie, par les points noirs basilaires transparaissant du dessous.

La ♀, en dessous, a la tache basilaire des ailes inférieures plus vague et fondue, la bordure marginale plus nettement limitée au contraire, et teintée de jaunâtre, comme le bord apical et externe des supérieures.

Les palpes sont noirâtres dans le ♂, plus fauves dans la ♀; l'abdomen jaune orangé en dessous, noir en dessus, avec les incisions abdominales et les points latéraux jaune orangé.

Pseudacræa Conradti, Obthr. (pl. III; ♂, fig. 32).

Usambara (L. Conradt).

Ressemble à *Eurytus*, Hew. (*Exot. butt.*, IV, *Diadema*, III, 10); mais bien distincte en dessus, par la forme et la disposition des bandes fauves et des points noirs basilaires des ailes inférieures; en dessous, par les mêmes caractères qui s'y reproduisent, et en outre par la tache basilaire brun vineux à reflet violacé, l'éclaircie médiane fauve pâle plus large au contact du bord anal que vers le bord costal, la bordure marginale brune assez nettement arrêtée le long de la tache médiane fauve clair.

Je possède un seul ♂, très frais.

Pseudacræa Gazengeli, Oberth. (pl. III ; ♂, fig. 31) et **Pseudacræa Eurytus,** Hew. (pl. III ; ♀, fig. 26).

Ogooué, dans l'Afrique occidentale (L. Gazengel).

Je dédie à notre concitoyen, M. L. Gazengel, à qui nous devons d'intéressants documents sur la faune entomologique de la région africaine soumise à l'influence française, la belle espèce figurée sous le n° 31, dans la planche III de cet ouvrage, à côté de sa congénère *Eurytus*, qui me servira de terme de comparaison pour la décrire.

Gazengeli est très nettement différente d'*Eurytus* et aussi de *Hirce*, par l'absence de points noirs dans la cellule de l'aile supérieure, en dessus comme en dessous. Ces points cellulaires sont remplacés chez *Gazengeli* par un trait noir velouté partant de la base, et se fondant à l'extrémité de la cellule dans un empâtement qui s'arrête net devant la tache fauve transversale.

Il y a un autre trait semblable d'un noir velouté, très nettement écrit au-dessous du rameau nervural inférieur. Ce trait est interrompu par la tache fauve, mais il reparaît au-delà en une pointe vers le bord marginal.

C'est après le trait cellulaire, le plus vivement tracé des traits intranervuraux, qui d'ailleurs sont tous dans *Gazengeli*, beaucoup moins atténués que dans *Eurytus*.

Les points basilaires des ailes inférieures sont aussi différents dans les deux espèces, ainsi que la comparaison des deux figures le démontre aisément.

Hirce diffère également de *Gazengeli* par ces mêmes points noirs basilaires.

Il convient d'observer que le ♂ de *Pseudacræa Eurytus*, Hew. ou du moins celui qui peut lui être attribué comme tel, (♀, fig. 8, *loco cit.*), ressemble beaucoup moins à *Gazengeli* ♂, que *Eurytus* ♀ ne ressemble elle-même au ♂ *Gazengeli*.

Ma collection renferme deux ♂ de la *Pseudacræa Gazengeli*; ils sont semblables entre eux.

Godartia Crossleyi, Ward (pl. I; ♀, fig. 7).

Ogooué (L. Gazengel).

M. Ward n'a connu que le ♂ de cette belle *Godartia*. Grâce à la collection formée par M. Gazengel, je puis faire connaître la ♀. Elle diffère du ♂ par le rétrécissement de toutes les parties noires des ailes, et l'envahissement de la teinte verdâtre.

Liptena Gelinia, Obthr. (pl. II; ♂, fig. 24).

Usambara (L. Conradt).

Espèce relativement grande, et qui sera peut-être plus tard inscrite dans un genre spécial. Ses antennes noires ont la massue épaisse; ses palpes noirs sont saillants; en dessus, ses ailes sont rouge orange entouré de noir avec une ligne subapicale de cinq points blancs et un point blanchâtre dont les côtés sont un peu fondus dans la couleur orange, assez près de l'angle interne. L'angle apical des supérieures est coupé assez brusquement et le contour des inférieures est un peu dentelé.

Le dessous reproduit le dessus d'une manière générale, la partie rouge orangé restant la même, quoiqu'un peu atténuée de nuance; cependant la partie noire reste limitée en deçà des taches blanches subapicales; de plus, il y a deux points noirs dans la cellule des supérieures, et environ douze points noirs semés près de la base des inférieures; les nervures des inférieures sont écrites en noir; entre chaque nervure on voit un trait rouge, et le long du bord externe des ailes, sur un fond jaune orange, des dessins noirs cunéiformes, dont la pointe aboutit au bord des ailes à l'extrémité de chaque nervure, forment une dentelure assez régulière. Le bord des ailes est liséré de noir; la frange est blanche et courte.

Les pattes sont noires avec le dernier article annelé de blanc; l'abdomen est noir avec les incisions annulaires en dessous jaunâtres.

Je possède un seul exemplaire très bien conservé.

Nyctemera Usambaræ, Obthr. (Pl. I; ♂, fig. 8).

Usambara (L. Conradt).

Voisine de *Nyctemera Leuconoë*, Hpfr. et *Antinorii*, Obthr.; mais plus grande, plus robuste et bien distincte, le ♂, par la forme et le rembrunissement en dessus de la partie inférieure de la bande maculaire subapicale blanche aux ailes supérieures et l'élargissement de la bordure noirâtre aux ailes inférieures. La base des inférieures est, en outre, plus largement noircie par un semis d'atomes brun noirâtre. Les nervures des ailes inférieures sont, à partir de la cellule, empâtées de noir au contact de la bande marginale noirâtre.

La ♀ diffère du ♂ par ses antennes beaucoup moins pectinées, la bande maculaire subapicale plus nettement blanche, la forme de cette bande un peu moins élargie dans sa partie inférieure, la bordure des ailes inférieures un peu moins élargie également.

Eligma læetepicta, Obthr. (Pl. I; ♂, fig. 6).

Usambara (L. Conradt).

Le genre *Eligma*, de la tribu des *Hypsides*, contient une espèce chinoise : *Narcissus*, Cramer, que nous possédons du Kouy-Tchéou, de Shanghaï et de Hou-Pé, et plusieurs espèces africaines, d'un faciès analogue à *Narcissus*. Notre collection en contient trois provenant, l'une d'Abyssinie, une seconde de Zanguebar et la troisième du Bénin.

A ces espèces, il convient d'ajouter celle que M. Conradt a découverte dans l'Usambara et dont il nous a envoyé deux beaux ♂. L'aspect de cette nouvelle *Eligma* est tout à fait différent des espèces déjà connues. Cependant, l'ensemble de ses caractères ne permet pas de la ranger ailleurs que dans le genre *Eligma*.

Les palpes sont noirs, proéminents et un peu renflés à l'extrémité; les antennes sont courtes; les pattes jaunes, épaisses, avec le dernier article noir, annelé de blanc. Les ailes sont allongées; en dessus, les supérieures sont noires avec un reflet d'ardoise; elles sont marquées de deux taches jaune de chrôme vif, l'une en forme de haricot, subapicale, l'autre décrivant un arc de cercle traversant du bord costal au bord interne, un peu au-delà de la base, qui reste noir ardoisé comme l'autre extrémité des ailes.

Les ailes inférieures ont l'espace basilaire largement teinté de jaune orangé, avec le bord marginal d'un noir vif; la partie jaune orangé a un contour extérieur un peu sinueux au contact de la partie noire et elle la pénètre un peu vers le milieu. La frange est noire, sauf à l'apex des ailes inférieures, où elle est d'un blanc pur.

Le dessous diffère du dessus par l'atténuation des couleurs; en outre, la partie jaune aux supérieures s'étend jusqu'à la base, qu'elle occupe entièrement; de plus, la tache subapicale est enfumée d'atomes noirs.

EXPLICATION DES PLANCHES

Planche I,	numéro	1	Acræa Guillemei, Obthr.
—	—	2	Acræa Cappadox, Obthr.
—	—	3	Acræa Masaris, Obthr.
—	—	4	Acræa Proteina flavescens, Obthr.
—	—	5	Acræa Cynthius? Drury.
—	—	6	Eligma Lætepicta, Obthr.
—	—	7	Godartia Crossleyi, Ward.
—	—	8	Nyctemera Usambaræ, Obthr.
—	—	9	Acræa Strattipocles, ♂, Obthr.
—	—	10	Acræa Conradti, Obthr.
—	—	11	Acræa Planesium, Obthr.
—	—	12	Acræa Masaris, Obthr.
—	—	13	Acræa Serena-Melas, Obthr.
Planche II,	numéro	14	Acræa Proteina, Obthr.
—	—	15	Acræa Apecida, Obthr.
—	—	16	Acræa Chæribula, Obthr.
—	—	17	Acræa Kilimandjara, Obthr.
—	—	18	Acræa Masaris, Obthr.
—	—	19	Acræa Proteina semifulvescens, Obthr.
—	—	20	Acræa Regalis, Obthr.
—	—	21	Acræa Proteina fulvescens, Obthr.
—	—	22	Acræa Orinata, Obthr.
—	—	23	Acræa Periphanes, Obthr.
—	—	24	Liptena Gelinia, Obthr.
Planche III,	numéro	25	Acræa Strattipocles, ♀, Obthr.
—	—	26	Pseudacræa Eurytus, Hewitson.
—	—	27	Acræa Epidica, Obthr.

—	—	28	ACRÆA MACHONI, Obthr.
—	—	29	ACRÆA PROTEINA SEMIALBESCENS, Obthr.
—	—	30	ACRÆA MASARIS, ♀, Obthr.
—	—	31	PSEUDACRÆA GAZENGELI, Obthr.
—	—	32	PSEUDACRÆA CONRADTI, Obthr.
—	—	33	ACRÆA THELESTIS, Obthr.
—	—	34	ACRÆA THESPRIO, Obthr.
Planche IV,	numéro	35	PAPILIO SLATERI-MARGINATA, Obthr.
—	—	36	ENTHEUS BICOLOR, Obthr.
—	—	37	PTEROTHYSANUS ORLEANS, Obthr.
—	—	38 et 38 *a*	PAPILIO CRASSIPES, Obthr.
—	—	39	PAPILIO HENRICUS, Obthr.

Imp. Oberthür, Rennes

A Dalhaugrelle, lith.

Imp. Oberthür, Rennes

A. Debray, lith

Imp. Oberthur, Rennes
A. Dallongeville, lith.

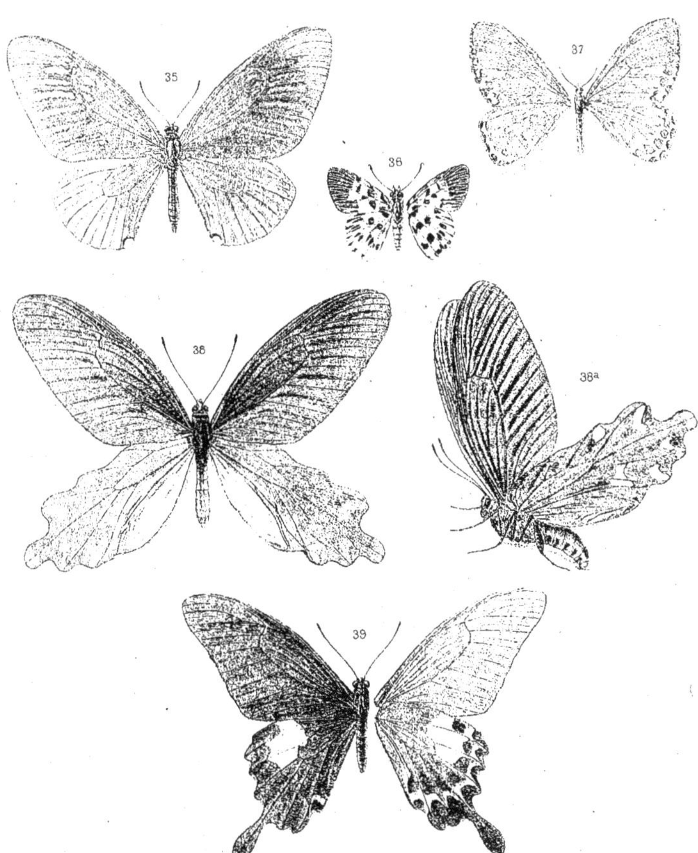

Imp. Oberthür, Rennes. A. Dollfus? lith.

ÉTUDES D'ENTOMOLOGIE

ÉTUDES D'ENTOMOLOGIE

FAUNES
ENTOMOLOGIQUES

DESCRIPTIONS D'INSECTES

NOUVEAUX OU PEU CONNUS

PAR CHARLES OBERTHÜR

RENNES
IMPRIMERIE OBERTHÜR

Novembre 1893

ZYGÆNIDÆ DE MADAGASCAR

Certaines familles de Lépidoptères sont représentées à Madagascar par un nombre relativement considérable d'espèces. Il en est ainsi des *Acræidæ*, *Satyridæ*, *Agaristidæ*, *Zygænidæ*.

Certains Papillons de cette dernière famille avaient été rangés par le Dr Boisduval dans le genre *Naclia*. M. Butler a inventé pour eux le genre *Pseudonacha* et feu Saalmüller les avait attribués au genre *Dysauxes*, Hübner.

Il est possible que plusieurs coupes génériques soient établies plus tard pour ces *Zygænidæ*, lorsque nos connaissances de la faune de Madagascar seront devenues plus étendues; mais, dans l'état actuel de la Science, il nous paraît qu'il y a plutôt avantage à conserver pour l'ensemble le nom de *Naclia*, car tous les entomologistes le connaissent et savent à quels insectes il s'attribue. C'est donc ainsi que nous désignerons dans ce travail les espèces de *Zygænidæ* de Madagascar dont nous avons publié la figure.

Notre collection contient au moins vingt-cinq espèces de *Naclia* madécasses. Nous estimons que plus de quarante espèces sont contenues dans les divers musées et collections. Or, la série des découvertes étant loin d'être épuisée, nous pouvons espérer, grâce aux efforts incessants des explorateurs, qu'on arrivera à connaître un jour bien près d'une soixantaine d'espèces de *Naclia* provenant de Madagascar.

Ces Lépidoptères, de taille petite, de couleur généralement noire et jaune, à taches quelquefois vitreuses, sont très délicats; les espèces sont voisines les unes des autres et la même description pourrait convenir à des espèces cependant bien distinctes.

Aussi importe-t-il, pour permettre de reconnaître exactement les espèces de *Naclia*, de publier des figures exécutées avec une précision rigoureuse et d'après des échantillons très frais.

Les *Naclia* qui ont été seulement décrites ne pourront jamais être identifiées avec quelque certitude, et il adviendra d'elles ce qui arrive infailliblement de toutes les espèces non figurées et dont les types sont perdus. Ce sont autant de noms à supprimer de la Nomenclature et à rejeter comme nuisibles à l'avancement de la Science.

Cette vérité s'impose tellement que, malgré toutes les résistances produites par les Descripteurs sans figures, plaidant la cause de leur vanité en péril, les écrivains mêmes du *British Museum* abandonnent les noms du fameux Walker, leur descripteur si fécond, lorsque le *specimen typicum* n'est plus à leur disposition.

Quand nous osâmes proposer cette maxime « *Pas de bonne figure à l'appui d'une description, pas de nom valable* », nous fûmes accueilli par un concert de protestations. Insensible à des réclamations dont le côté tout personnel était d'ailleurs la seule force, nous n'avons cessé de faire entendre la voix qui nous semblait être celle du bon sens et de la raison.

Nous prenons la liberté d'inviter ceux qui sont encore nos contradicteurs à ouvrir la partie IX de l'ouvrage intitulé « *Illustrations of typical specimens of Lepidoptera Heterocera in the collection of the British Museum, London*, 1893 » ; ils y liront à la page 53 la « *List of species described by Walker and Nietner from Ceylon, of which the descriptions are insufficient for identification and the types lost.* »

Cette liste contient soixante-quatorze espèces ! C'est le commencement d'une exécution depuis bien longtemps nécessaire. Elle s'étendra de plus en plus et bientôt les seuls noms conservés dans la Nomenclature entomologique seront ceux qu'une figure suffisamment bien exécutée rendra toujours exactement identifiables. Les noms basés sur des descriptions sans figures sont destinés à rentrer dans le néant.

Rennes, juillet 1893.

I

LÉPIDOPTÈRES D'AFRIQUE

Naclia Blandina, Oberth. (Pl. 1, fig. 7).

Décrite d'après sept exemplaires pris par MM. Perrot frères, pendant leur voyage effectué dans le pays des Antakares, d'Isokitra à Diego-Suarez, de mai à octobre 1891.

Ailes supérieures allongées, en dessus noires, avec cinq taches vitreuses, l'une cellulaire, la seconde située au-dessous de la cellule et séparée de la première par la nervure médiane ; ces deux taches sont plus grandes que les trois autres ; la troisième placée près du bord costal, les quatrième et cinquième juxtaposées et séparées de la troisième par un trait noir relativement assez épais.

Ailes inférieures étroites, noires avec la base jaune et un point jaune plus ou moins gros vers l'extrémité.

Le dessous diffère du dessus parce qu'aux ailes inférieures, la partie noire, qui en dessus entoure la tache jaune, s'arrête généralement avant d'atteindre le bord antérieur. Mais ce caractère n'est pas constant. De plus, on remarque dans certains exemplaires un trait jaune près de la base des ailes supérieures en dessous, et une petite tache jaune juste au-dessous de la deuxième tache vitreuse. Cette éclaircie jaune transparaît quelquefois en dessus.

Les antennes sont noires et d'un aspect un peu épais à cause d'une pectination très courte et très serrée, avec l'extrémité blanchâtre en dessus.

Le thorax est noir en dessus avec les épaulettes jaunes ; l'abdomen est jaune avec une arête dorsale noire, très fine sur le premier anneau, très large ensuite et se terminant en pointe un peu obtuse, jusqu'au contact de l'extrémité abdominale qui est noire. Dans l'exemplaire qui a servi de type à la figure du présent ouvrage, le dessous de l'abdomen est jaune, avec seulement une fine raie latérale noire. Dans d'autres individus, la tache anale noire entoure le dessous de l'abdomen aussi bien que le dessus, mais en laissant deux ou trois taches punctiformes jaunes.

Les pattes sont jaunes avec le dernier article brun noirâtre.

Naclia Anastasia, Obthr. (Pl. I, fig. 8).

Décrite d'après une seule ♀ prise dans le pays d'Antsianaka par MM. Perrot, pendant le second semestre de 1890.

Ailes allongées, en dessus brun noirâtre avec un trait basilaire sous-costal jaunâtre et une tache assez arrondie, relativement grosse, jaune, occupant l'espace basilaire au-dessous de la nervure médiane et jusque près du contact du bord interne; ensuite il y a deux taches, l'une de forme assez carrée, vitreuse dans l'espace cellullaire, l'autre jaune, au-dessous de la nervure médiane qui la sépare de la précédente; enfin, quatre taches en deux groupes de deux : le premier groupe près du bord costal, composé d'une tache vitreuse rectangulaire assez grande, que surmonte un trait jaunâtre triangulaire très petit; le second formé de deux taches vitreuses juxtaposées et séparées du premier groupe par un espace noir assez large.

Ailes inférieures en cuilleron, jaunes, lisérées de noir.

Le dessous ne diffère du dessus que par l'extension du lavis jaune à la base des supérieures et le long du bord costal des mêmes ailes; en outre, la cellule des inférieures est fermée par un petit trait noir.

Les antennes sont filiformes et noires.

Le thorax est noir avec les épaulettes jaunes.

L'abdomen est jaune avec une raie dorsale noire; l'extrémité abdominale est ceinte de noirâtre avec deux points latéraux jaunes sur le dessus et un point central jaune sur le dessous.

Les pattes sont jaunes avec l'extrémité noirâtre.

C'est près de *Myodes*, Guérin, qu'il convient de placer la *Naclia Anastasia*.

Naclia Quadrimacula (Bdv. in musæo; Mab. in Soc. Zool. 1878, p. 85), Obthr. (Pl. I; ♀, fig. 9).

Décrite d'après un ♂ ancien et défectueux de la collection Boisduval, trois ♀ très belles prises par MM. Perrot dans le pays d'Antsianaka, pendant le premier semestre 1892 et un ♂ très pur, récolté à Fianarantsoa, par MM. Perrot, dans le deuxième semestre 1892.

Ailes supérieures larges, en dessus noirâtres avec quatre taches d'un jaune chamois ou jaune d'or, la première basilaire, la deuxième médiane, oblongue, naissant un peu au-dessous du bord costal et s'arrêtant un peu au-dessus du bord interne. Les deux autres taches sont arrondies ; la plus petite de ces deux est subapicale tandis que l'autre est rapprochée du bord externe.

Ailes inférieures jaune d'or assez largement bordées de noir. Cette bordure noire n'est pas de forme très régulière et son contour intérieur dessine presque un angle droit.

Le dessous diffère du dessus parce qu'à l'aile inférieure, chez la ♀, un trait noir clôt la cellule.

Les antennes de la ♀ sont filiformes, noires avec l'extrémité jaunâtre. Les antennes du ♂ sont noires et très pectinées.

La tête et le thorax sont noirs avec les épaulettes jaunes.

L'abdomen est jaune en dessus comme en dessous, avec un petit trait noir sur le premier anneau en dessus.

Les pattes sont jaunes avec l'extrémité noirâtre.

Naclia Quadrimacula, var. **Confluens**, OBTHR. (Pl. I; ♀, fig. 10).

Nous possédons une seule ♀ prise par MM. Perrot à Antsianaka, dans le deuxième semestre 1890.

Confluens diffère de *Quadrimacula* type par la teinte plus pâle des taches jaunes aux ailes supérieures, la forme et la confluence desdites taches, enfin l'absence du trait noir qui clôt la cellule aux ailes inférieures en dessous.

Naclia Perpetua, OBTHR. (Pl. I, fig. 6).

Décrite sur une ♀ prise dans les forêts d'Alahakato par M. Ed. Perrot, pendant le premier semestre 1888.

Ressemble beaucoup à *Quadrimacula*, mais diffère bien nettement par la raie dorsale noire de l'abdomen, le pénultième anneau abdominal noirâtre en dessous et une tache noire, large, le long du milieu du bord costal des ailes inférieures en dessous.

Naclia Trimacula (Bdv. in musæo; Mab. in Soc. Zool. 1878, p. 85). Obthr. (Pl. I, fig. 11).

Tamatave et forêts d'Alahakato (Ed. Perrot, premier semestre 1888). — Fianarantsoa (Perrot frères, deuxième semestre 1892).

Nous possédons huit exemplaires dont un de la collection Boisduval.

En dessus, les ailes supérieures sont allongées, noires avec trois ou quatre taches, demi-transparentes et demi-jaunâtres. Les ailes inférieures sont noires avec deux taches jaunes, dont l'une basilaire et l'autre subapicale.

Le dessous diffère du dessus par un lavis jaunâtre à la base des ailes supérieures.

Il convient d'observer que sur les trois ou quatre taches des ailes supérieures, il y en a une ou deux que divise une nervure, de telle sorte qu'on peut aussi bien compter cinq taches.

Dans l'exemplaire que nous avons fait figurer, il y a quatre taches très distinctes.

Naclia Agnes, Obthr. (Pl. I, fig. 13).

MM. Perrot ont pris une seule ♀ dans leur voyage au pays Antsianaka et au lac Alaotra; deuxième trimestre 1889.

Ailes allongées, ayant le fond d'un brun noirâtre sur lequel sont répandues des taches jaunes et vitreuses, comme il est dit ci-dessous :

En dessus, les ailes supérieures ont la côte et la base noires; près de la base, une tache jaune descend d'un peu au-dessous du bord costal, jusqu'au bord interne; au milieu, il y a une tache divisée en trois parties : 1° un petit trait subcostal jaune, 2° l'espace cellulaire vitreux, 3° une grosse tache jaune qui s'arrête avant de toucher le bord interne; vers le bord terminal, on voit une tache subapicale jaune et au dessous, une tache vitreuse, teintée de jaune extérieurement et traversée par une nervure jaune.

Les ailes inférieures sont petites, étroites, jaunes, avec le bord terminal irrégulièrement empâté de noirâtre et une petite tache noirâtre au dessous du bord costal.

Le dessous diffère à peine du dessus.

Les antennes sont très fines, brunes à la base, jaune clair ensuite.

La tête est noire ainsi que les épaulettes. Le thorax est jaune et noir; l'abdomen est également jaune avec une raie dorsale noire, de forme irrégulière et interrompue avant le dernier anneau qui est entouré de noir. Les pattes sont jaunes.

Naclia Agatha, Obthr. (Pl. I, fig. 12).

Décrite d'après une seule ♀ rapportée du pays Antsianaka par MM. Perrot frères (Premier semestre 1892).

Ailes allongées; les supérieures à fond brun noir avec quatre taches jaunes; l'une, subbasilaire, assise sur le bord interne et s'arrêtant au contact de la nervure médiane; les deux autres approchant, l'une du bord costal, la seconde du bord terminal; la quatrième, enfin, près de l'angle apical. Les inférieures, très étroites, en forme de cuilleron, paraissent gaufrées et convexes en dessus, avec le bord terminal bordé de noir.

Antennes filiformes brunes; corps noir avec les épaulettes jaunes; abdomen jaune avec une raie dorsale noire. A la partie anale il y a un petit pompon soyeux, gris jaunâtre. Pattes brunes.

Naclia Flavia, Obthr. (Pl. I, fig. 1 et 2).

M. Edouard Perrot a rapporté un seul exemplaire de son expédition aux forêts d'Alahakato et environs de Tamatave (premier semestre 1888) et en a pris un autre près Tamatave.

Ailes allongées, les supérieures à fond brun noir, quadri-maculées de jaune, différant d'*Agatha* par la couleur jaune plus foncé des taches et la forme de la tache basilaire qui est surmontée d'un prolongement en marche d'escalier, approchant du bord costal.

Ailes inférieures à peu près comme chez *Agatha*.

Antennes relativement épaisses, jaunes, avec l'extrémité très fine et noirâtre; tête noire; épaulettes jaunes; abdomen jaune terminé par un pompon soyeux gris jaunâtre et légèrement marqué de noirâtre sur la partie dorsale; pattes jaunes. L'exemplaire figuré sous le n° 2 se distingue par la forme confluente des taches jaunes des ailes supérieures.

Naclia Lucia, Obthr. (Pl. I, fig. 5).

Provient du même pays que *Flavia;* elle en diffère par ses antennes moins épaisses et noires, son thorax noir, la raie dorsale de l'abdomen plus épaisse et la tache jaune apicale sur les ailes supérieures, plus large.

**Naclia Camboué, ** Obthr. (Pl. I, fig. 17 et 18).

Tamatave; forêts d'Alahakato (Ed. Perrot, premier semestre 1888), Antsianaka (L. Humblot, 1888).

Dédiée comme témoignage de notre affectueuse reconnaissance et de notre respectueuse estime à M. le R. P. Camboué, missionnaire apostolique à Tananarive.

Nous sommes personnellement redevable à M. le R. P. Camboué des matériaux les plus intéressants sur la faune de l'Imerina. Les notices les plus judicieuses, fruit d'observations très habiles et très attentives, accompagnent toujours les documents que nous recevons de M. le R. P. Camboué et en augmentent singulièrement la valeur scientifique. Nous ne tarderons pas à en faire l'objet d'une publication illustrée.

La *Naclia Cambouéi* appartient à un autre groupe que les espèces dont il a déjà été question dans le présent travail. Elle paraît se rapprocher de l'*Amplificata*, Saalmüller.

Le ♂ (fig. 18) diffère de la ♀ (fig. 17) par sa teinte générale plus foncée. Les deux sexes ont les antennes filiformes et jaunes, la tête jaune, le thorax brun noir avec de petites épaulettes jaunes, l'abdomen jaune demi-annelé de noir, immédiatement avant la partie anale. Les pattes et tout le dessous du corps sont jaunes.

En dessus, les ailes supérieures, assez larges à leur extrémité, sont brun noir, marquées de six taches jaunes : la première, très petite, basilaire; la seconde à peu près carrée, subbasilaire; deux autres, près du bord costal; la cinquième près du bord interne; enfin la sixième, traversée par une nervure, près du bord terminal.

Les ailes inférieures sont brunes avec une tache jaune basilaire et anale ayant la forme d'un A (*).

(*) Le bord interne de l'aile supérieure est arrondi et s'étend sur l'aile inférieure, de manière à cacher quelquefois l'un des jambages de cette tache jaune en forme de A. La fig. 18 représente un exemplaire dont l'aile supérieure n'a pas été assez relevée pour faire voir la tache complète.

Les ailes inférieures ne se développent pas bien, lorsqu'on essaie de les étaler. Le bord terminal présente une sorte d'ourlet qui se retourne du dessus vers le dessous.

Le dessous des ailes diffère notablement du dessus. Les inférieures sont entièrement jaunes et les supérieures sont lavées de jaune le long du bord interne, de telle façon que la cinquième tache est entièrement absorbée dans le lavis jaune.

Nous avons deux ♂ et deux ♀.

Naclia Perroti, Obthr. (Pl. I, fig. 3 et 4).

Tamatave et forêts d'Alahakato (Ed. Perrot, premier semestre 1888), Antsianaka (L. Humblot, 1888).

Dédiée à MM. Perrot, comme expression de notre gratitude pour le zèle qu'ils apportent à l'exploration entomologique de Madagascar et à l'accroissement de nos collections d'insectes de cette île.

Nous possédons six exemplaires.

La *Naclia Perroti* diffère de sa congénère *Cambouéi* par ses ailes inférieures qui en dessus ont : 1° une tache jaune basilaire et un peu étendue le long du bord anal, et 2° une tache bilobée, également jaune, atteignant le bord costal et s'étendant du milieu de l'aile vers le bord terminal. De plus, le dessous, chez *Perroti*, reproduit le dessus, au lieu d'être uniformément lavé de jaune comme chez *Cambouéi*, tant sur la surface entière des ailes inférieures que le long du bord interne des supérieures.

Naclia Lugens (Bdv. in mus.), Obthr. (Pl. I, fig. 14).

D'après un exemplaire de la collection Boisduval et un autre très frais pris dans l'Antsianaka, par MM. Perrot frères, pendant le premier semestre 1892.

Ailes supérieures allongées, noires, avec quatre taches transparentes, dont deux près du bord costal, assez arrondies et d'égale taille, une troisième divisée en deux parties par la nervure, près du bord terminal, la quatrième, enfin, plus petite que les trois autres et assez rapprochée du bord interne.

Ailes inférieures également noires, avec un espace assez large, hyalin, divisé en trois parties par les nervures, occupant l'espace infrabasilaire et très près du bord anal. Il y a encore deux autres taches transparentes, l'une assez grosse, presque carrée, près du bord terminal, et l'autre très petite, tout près du bord costal et immédiatement au-dessus de la plus grosse.

Antennes, corps, abdomen, pattes noirs, avec deux épaulettes jaunes, une tache jaune sur le dessous de l'abdomen et le premier article de la première paire de pattes également plaqué de jaune.

Nous possédons une autre espèce très voisine, mais très distincte de *Lugens*, rencontrée par MM. Perrot, pendant leur voyage aux Antakares, d'Isokitra à Diego-Suarez (mai à octobre 1891).

Cette espèce encore inédite, n'a pu être préparée à temps pour être figurée sur la planche I de la XVIIIe livraison de ces *Études*.

Comme la figure est indispensable à toute identification exacte, nous nous abstiendrons, pour le moment, de désigner par un nom la *Naclia* des Antakares et nous profiterons d'un prochain travail sur la faune lépidoptérologique de Madagascar pour la faire définitivement connaître au moyen d'un dessin exact. Nous croyons devoir signaler cependant les caractères qui la distinguent de *Lugens*, afin de mettre en garde contre des déterminations qui seraient nécessairement erronées dans un groupe où les espèces sont quelquefois très voisines les unes des autres, si tous les détails caractéristiques du Papillon à déterminer n'étaient pas parfaitement conformes à ceux de l'espèce figurée.

La *Naclia* des Antakares diffère de *Lugens* par une tache transparente supplémentaire à la base des ailes supérieures, les épaulettes blanches et non jaunes, les côtés de l'abdomen marqués de blanc, deux traits blancs au milieu de l'abdomen en dessous, les pattes entièrement noires, enfin la position relative de la grosse tache hyaline des ailes inférieures et l'absence de la petite tache blanche costale surmontant cette grosse tache chez *Lugens*.

Naclia Veronica, Oberth. (Pl. I, fig. 15).

Nous avons reçu un seul exemplaire recueilli dans le voyage de M. Édouard Perrot aux forêts d'Alahakato pendant le premier semestre 1888.

Les ailes sont vitreuses, bordées de noir. Les supérieures ont la côte noire, une large tache apicale triangulaire noire, un trait noir fermant la cellule, le bord terminal noir avec un petit renflement triangulaire au contact de la nervure médiane, le bord interne et la base noirs. Les parties vitreuses forment sept espaces intranervuraux. Les inférieures sont étroites, bordées de noir, sauf le long du bord anal qui paraît blanchâtre. La partie vitreuse est découpée en trois espaces intranervuraux.

Les antennes filiformes sont noires avec l'extrémité blanchâtre. La tête est noire; les épaulettes sont indiquées par un point rouge très fin; le corps est noir en dessus. Les deux premiers articles des pattes (deuxième et troisième paire) sont blancs; le troisième article est noirâtre. La première paire a seulement le dessus du deuxième article blanc.

Le dessous de l'abdomen est marqué d'une tache blanc pur, s'arrêtant à l'anneau anal.

De plus, la base des ailes supérieures en dessous est marquée d'une tache blanche et le milieu du bord costal des inférieures d'une tache orangée.

Naclia Magdalene, OBTHR. (Pl. I, fig. 16).

Provient du même voyage que *Veronica.*

Très voisine de celle-ci; mais bien distincte par la tache noire cellulaire des ailes supérieures qui joint le bord costal au bord terminal, l'élargissement de la bordure noire aux ailes inférieures, les pattes (deuxième et troisième paires) noirâtres et sans coloration blanche.

II

LÉPIDOPTÈRES D'ASIE

Poursuivant la publication des espèces de Lépidoptères asiatiques et spécialement thibétains qui nous ont paru nouvelles, nous exprimons à MM. les Missionnaires apostoliques de la Société des Missions étrangères de Paris, et tout particulièrement à notre vénérable ami Mgr Félix Biet, évêque de Diana et à son bien respectable collaborateur M. le R. P. Déjean, curé de Tâ-Tsien-Loû, notre plus vive gratitude pour les soins qu'ils veulent bien prendre si amicalement de continuer à faire explorer la région du Su-Tchuen et les parties accessibles du Thibet.

Cependant la situation reste toujours bien difficile pour les missionnaires français et les chrétiens au Thibet. Sans cesse en butte à l'hostilité sourde ou même déclarée des mandarins, aux violences des païens excités par les lamas et dont il paraît presque impossible d'obtenir suffisante justice, les missionnaires catholiques ne cessent pas de souffrir les tracasseries les plus graves et les plus révoltantes iniquités.

Ils vivent dans un état de danger et de préoccupation permanent et malgré une situation le plus souvent périlleuse, ils trouvent assez de dévouement à la Science et à l'amitié pour faire récolter à notre intention de grandes quantités d'insectes.

M. le R. P. Déjean a été jadis, en France, l'élève de M. l'abbé Mège, entomologiste distingué, actuellement curé de Villeneuve-de-Blaye et dont l'amitié déjà ancienne nous est chère. Pendant que les chrétiens indigènes parcourent le pays et ramassent surtout les Papillons diurnes, M. le R. P. Déjean veut bien utiliser les loisirs dont il dispose pour collectionner avec une habileté parfaite les Phalènes délicates des environs de Tâ-Tsien-Loû.

Afin de faciliter la connaissance exacte de ces Papillons fragiles, dont la récolte représente tant de fatigues et de difficultés, il nous a paru utile de fournir dans la présente livraison, les épreuves en couleur et en noir des planches portant les numéros 2, 3, 4 et 5.

En effet, il importe souvent, pour l'identification exacte des espèces, de consulter non seulement la figure coloriée, mais encore le dessin au trait indiquant avec précision les détails des nervures et des taches.

La publication des figures exactes de Lépidoptères a, plus que jamais, tous nos soins. La gravure, exécutée avec le zèle artistique le plus consciencieux, se poursuit du reste sous nos yeux et sans relâche. Nous espérons ainsi assurer la connaissance définitive des espèces nouvelles découvertes par nos si respectables amis et nous faisons des vœux pour que des jours plus cléments viennent enfin leur permettre d'obtenir une riche et abondante moisson de ces résultats moraux, bien autrement précieux que tous autres, et en vue desquels ils ont renoncé à toutes les joies légitimes de la Famille et de la Patrie.

Rennes, 23 octobre 1893.

RHOPALOCERA

Pieris Lhamo, OBTHR. (Pl. II, fig. 27).

Tsé-Kou (Thibet), R. P. Dubernard.

Diffère d'*Halisca*, Oblhr., par le semis serré d'atomes noirs qui couvre la surface des ailes en dessus et des supérieures en dessous, tout en laissant les espaces intranervuraux moins foncés que le voisinage des nervures.

Nous possédons cinq exemplaires de *P. Lhamo* bien semblables entre eux. Il se pourrait que ce fût une forme obscure d'*Halisca*; cependant *Halisca* se trouve à Tsé-Kou comme à Tâ-Tsien-Loû.

Lhamo, en thibétain, veut dire : Déesse.

Calinaga Lhatso, OBTHR. (Pl. VI, fig. 81).

Tsé-Kou (Thibet), R. P. Dubernard.

On trouve à Tsé-Kou, trois espèces de *Calinaga* : le *Davidis*, d'une forme un peu spéciale, ayant le disque des ailes plus verdâtre en dessus que le type ordinaire des environs de Tâ-Tsien-Loû; le *Lhatso* (nom de femme, signifiant en thibétain Océan de divinité), remarquable par la couleur jaune de ses taches ; enfin le *Buddha*, un peu plus obscur que la race indienne.

Comme les *Parnassius*, dont toutes les espèces présentent une disposition générale des taches tout à fait analogue, les *Calinaga* offrent tous le même dessin.

Lhatso diffère de tous les autres par la teinte jaunâtre de ses taches en dessus, le lavis orangé qui s'étend sur l'angle anal, la couleur jaune ocracée qui fait le fond des ailes inférieures et de l'apex des supérieures en dessous.

De plus, les ailes sont plus opaques; les parties noires plus accentuées et la forme des ailes moins arrondie que dans *Davidis*; elle est cependant moins anguleuse que chez *Buddha*.

M. Butler range les *Calinaga* parmi les *Nymphalidæ*. Nous pensons que la place de ce genre est encore incertaine et dépendra définitivement de la connaissance des premiers états.

Les *Calinaga* sont abondants au Thibet.

Les ♂ paraissent plus nombreux que les ♀. Celles-ci diffèrent des ♂ par leurs ailes un peu plus arrondies, l'extension des taches claires et la forme de l'abdomen qui est épais et volumineux.

Nous avons reçu *Davidis*, de Mou-Pin, Tâ-Tsien-Loû, Tsé-Kou, Oua-Se, Yu-Tong, Kitchang-Kou, où plusieurs beaux exemplaires ont été récoltés en mai et juin 1892.

Il semble qu'il y ait plusieurs races géographiques. Ainsi la forme de Oua-Se n'a pas le même aspect que celle de Mou-Pin. Nous avons dit plus haut que la localité de Tsé-Kou fournissait aussi une forme spéciale. M. Leech (*Butterflies from China*, p. 119), distingue une forme de l'ouest de la Chine, que nous possédons également, où les taches blanchâtres sont souvent confluentes, ce qui donne l'aspect d'un papillon moins gris et moins obscur.

Du Kouy-Tchéou, nous avons reçu une belle ♀ très grande et très fraîche, plus obscure, plus grande et aussi plus robuste que les autres formes.

Ces observations indiquent que l'histoire des *Calinaga* n'est encore qu'effleurée. D'ailleurs la découverte de *C. Sudassana*, Melvill, dans les montagnes de Siam (Trans. Ent. Soc. London, 1893, pl. 7), espèce différente de toutes les autres par sa tache anale fauve, prouve qu'il peut bien rester encore des *Calinaga* à trouver dans les parties élevées de l'Indo-Chine.

Thestor Nesimachus, Obthr. (Pl. II; ♀, fig. 30).

Syrie (Akbès).

Charmante espèce voisine en dessus de *Callimachus*, dont elle diffère sur cette face, par la forme un peu plus allongée de la tache rouge doré de l'aile inférieure; voisine en dessous de *Nogelii*, dont elle se distingue par le lavis rouge doré plus étendu non seulement sur l'aile supérieure, mais encore sur l'aile inférieure.

Nous avons reçu un ♂ et trois ♀; le ♂ diffère de la ♀ par la forme de ses ailes moins arrondie.

Chrysophanus Standfussi, Grum. (Pl. III, fig. 42).

Tà-Tsien-Loû (R. P. Déjean); Amdo (Grum. Grgimaïlo).

L'espèce a été succinctement décrite par M. Groum, puis décrite avec plus de détails par M. Leech. Mais la figure n'a point encore paru au moment où nous écrivons ces lignes.

Nous avons comblé cette lacune d'après un ♂ très frais que nous a envoyé M. le R. P. Déjean, missionnaire apostolique à Tà-Tsien-Loû.

C. Standfussi se place près de *Pang* et de *Helle*. Nous avons un *Chrysophanus* de Nouvelle-Zélande qui, tant en dessus qu'en dessous, se rapproche beaucoup de *Standfussi*.

Stiboges Nymphidia, Butler (Pl. II, fig. 19).

Nous avons fait dessiner une ♀ prise sur la route de Tà-Tsien-Loû à Mou-Pin, en 1892, afin de faciliter la comparaison de cette espèce de *Lemoniide* avec la *Phalénite* qui lui ressemble et que représente la figure 28 de la planche II.

Nous décrivons plus loin cette Phalénite mimique de la *Stiboges Nymphidia*, sous le nom de *Nymphidiaria*.

Limenitis Albomaculata, Obthr. (Pl. VI, fig. 82).

Lorsque nous fîmes connaître dans la XVIe livraison de ces *Études d'Entomologie* (Pl. II, fig. 15) cette belle *Limenitis*, si curieusement mimique de l'*Athyma Punctata* ♂ et de la *Diadema Misippus* ♂, nous ignorions encore quelle pouvait en être la ♀, et M. Leech, qui a publié, après nous, la figure de la même *Limenitis*, indique dans le texte de son ouvrage *Butterflies from China* que la ♀ lui était également restée inconnue.

Nous devons à l'obligeance de M. le R. P. Déjean de pouvoir compléter l'histoire de cette intéressante *Nymphalide*.

La ♀ de *Limenitis Albomaculata* diffère beaucoup du ♂ par le dessus des ailes. Celles-ci sont brunes. Les supérieures ont un gros trait cellulaire jaunâtre, une bande maculaire jaunâtre, extra-cellulaire, décrivant du bord costal au bord interne un arc un peu irrégulier de forme et de continuité, enfin une tache apicale divisée en trois parties par les nervures de la même couleur jaunâtre un peu fauve.

Les ailes inférieures sont traversées par une bande également jaunâtre, légèrement courbe, naissant au bord costal et descendant jusque près du bord anal. De plus, les deux ailes sont bordées d'une double ligne brun pâle qui suit parallèlement le contour extérieur des ailes.

Le dessous, surtout aux inférieures, rappelle beaucoup plus le ♂. Les taches et bandes jaunâtres qu'on remarque sur les ailes en dessus, sont reproduites exactement en dessous, mais en blanc, sauf la tache longue cellulaire qui reste jaunâtre.

Nous possédons deux ♀ seulement. Le ♂ paraît commun dans la région comprise entre Tâ-Tsien-Loû et Mou-Pin.

Limenitis Cleophas, Obthr. (Pl. VI, fig. 83).

Le nombre des espèces de *Limenitis* répandues en Asie et dans l'Archipel Indien est considérable. Tout porte à croire que nous sommes relativement peu avancés dans la connaissance des Lépidoptères de ce groupe. L'espèce que nous décrivons ci-dessous a échappé aux recherches de MM. Pratt, Kriecheldorff et de leurs nombreux chasseurs indigènes. Il en reste sans doute encore plusieurs dans le même cas.

La *Limenitis Cleophas* a été rencontrée entre Tâ-Tsien-Loû et Mou-Pin. Nous ne connaissons pas la ♀.

En dessus, *Cleophas* ressemble à *Recurva* Leech (*Butterflies from China*, pl. XVII, fig. 9); c'est un papillon d'un brun noir un peu violâtre, avec des taches blanches, petites, disposées à peu près comme dans *Recurva*, sauf toutefois pour l'espace cellulaire des ailes supérieures où il y a un seul trait transversal assez épais, et pour la bande maculaire parallèle au bord terminal des inférieures, plus rapprochées de ce bord terminal.

En dessous, l'aspect de la *Limenitis Cleophas* est assez spécial. Les taches blanches du dessus sont reproduites, mais généralement un peu élargies; le fond des ailes est mélangé de brun chocolat foncé, de brun pâle et de gris. La cellule des supérieures est close par un trait noir vif, surmonté d'un trait fauve; au-dessous de la tache blanche cellulaire, entre deux traits noirs sinueux, on voit une tache fauve, et près de la base, encore dans l'espace cellulaire, un trait noir, au milieu d'un fond gris. Près de la base surtout, la côte est gris jaunâtre. Au-dessous de la nervure médiane, il y a une tache brune bordée de noir dans un espace gris.

Aux ailes inférieures, le bord anal est gris bleuâtre, ainsi que l'espace basilaire, jusqu'auprès du bord costal qui est fauve. En deçà de la bande maculaire blanche transversale, il y a près du bord costal une tache chocolat foncé, à laquelle est juxtaposée une tache fauve lisérée de noir et pénétrée en dessous par une petite tache gris bleuâtre. Ces deux taches, celle qui est chocolat foncé et celle qui est fauve, sont toutes deux triangulaires et dirigent leur pointe en sens inverse.

Le dessous du corps est gris. Les pattes sont grises au premier article, ensuite un peu jaunâtres.

Nous citions plus haut la *Limenitis Recurva*, Leech; cet auteur n'a pas connu la ♀; celle-ci se distingue du ♂ simplement par le développement plus grand de ses ailes et l'élargissement des taches blanches, surtout aux supérieures.

Recurva nous paraît être une *Limenitis* vraie et non une *Athyma*, comme l'a pensé M. Leech.

Callerebia Bocki, Obthr. (Pl. VI, fig. 80 et 80 *a*).

Nous avons reçu cinq ♂ très frais du Su-Tchuen occidental (Vench'uan et Traku); ils nous ont été transmis par M. Carl Bock qui les tenait de ses chasseurs indigènes.

Le dessus est brun noir, à peu près comme *Hades*, Stgr., du Turkestan. Le disque porte une tache divisée en quatre parties par les nervures, d'aspect velouté plus noir que le fond (il faut cependant présenter le Papillon de côté pour bien la voir). Les ailes sont bordées d'un seul rang de points violâtres intranervuraux, cerclés de noir plus foncé que le fond des ailes.

En dessous, les premières ailes sont d'un rouge ocracé, avec la côte grisâtre, l'apex et le bord terminal teints d'abord de grisâtre, puis de brunâtre; une ligne sinueuse noirâtre parallèle au bord terminal; quatre taches intranervurales blanc violâtre, les deux supérieures plus largement cerclées de noir que les deux autres; enfin une ligne rouge foncé descendant du bord costal vers le bord interne, entre la cellule discoïdale et les quatre taches blanc violâtre cerclé de noir, précitées.

Les ailes inférieures sont gris foncé, traversées au-delà du milieu par une ligne sinueuse brune, extérieurement éclairée de gris jaunâtre. De plus, on voit une rangée de points blancs intranervuraux et une série de croissants bruns formant une ligne régulièrement sinuée entre les points blancs précités et le bord terminal qu'elles suivent tout à fait parallèlement.

Les antennes, le corps et les pattes sont noirs en dessus et gris en dessous.

Callerebia Carola, Obthr. (Pl. VI; ♂, fig. 79 et 79 *a*).

Nous possédons beaucoup d'exemplaires des deux sexes, recueillis par les chasseurs indigènes de M. Carl Bock à Vench'uan et Traku (Su-Tchuen occidental).

Les ailes du ♂ sont en dessus d'un brun assez uniforme, mais un peu plus foncé sur le milieu que sur les bords, avec quatre points violâtres aux supérieures et deux aux inférieures. Ces points violâtres sont entourés de noir. Aux supérieures, les deux points les plus rapprochés de l'apex sont compris dans le même entourage noir; les autres points ont chacun leur cercle noir séparé. De plus, aux ailes supérieures, une tache fauve rouge, affectant une forme générale presque triangulaire, ayant sa base près du bord costal et sa pointe vers l'angle interne, entoure les points violâtres, cerclés de noir.

Aux ailes inférieures, un cercle fauve rouge entoure le cercle noir.

En dessous, les points violâtres du dessus sont reproduits avec le même entourage noir, mais aux supérieures seulement, sur un fond rouge ocracé; la côte est brune, ainsi que l'apex et le bord terminal; mais un semis épais d'atomes gris s'étend sur l'apex et la partie du bord terminal qui en est voisine.

Les inférieures sont brunes, saupoudrées d'un semis épais d'atomes gris, qui donne à la surface des ailes un aspect général grisâtre, avec des ombres assez obscures, surtout près du bord antérieur et près du bord terminal. Une ligne de points blancs intranervuraux est parallèle au bord terminal.

Les franges sont brunes et grisâtres. En dessus le corps est brun foncé, en dessous brun grisâtre.

La ♀ diffère du ♂ par l'extension des cercles noirs qui entourent les points violâtres aux supérieures, un lavis rougeâtre sur l'espace cellulaire des supérieures, un supplément de points violâtres intranervuraux aux inférieures, en remontant vers le bord antérieur.

En dessous, la surface des ailes inférieures a un aspect plus jaunâtre et une éclaircie sinueuse, plus accentuée que chez le ♂, descend du bord antérieur au bord anal.

L'espèce paraît peu varier. Cependant chez certains ♂, les taches violâtres sont aux ailes inférieures, comme chez la ♀, au nombre de trois ou quatre, allant en se rapetissant vers le bord antérieur.

HETEROCERA

AGARISTIDÆ

Syfania Déjeani, Obthr. (Pl. V, fig. 68) et **Syfania Giraudeaui,** Obthr. (Pl. V, fig. 74).

Nous avons publié dans la XIe livraison des *Études d'Entomologie* (Pl. II, fig. 12), sous le nom d'*Agarista Bieti*, une espèce d'*Agaristide* d'un aspect tout à fait spécial et que la connaissance récemment obtenue de deux espèces analogues nous fait actuellement ranger dans un nouveau genre : *Syfania.*

Ce genre, que nous plaçons après les *Alypia* de l'Amérique du Nord, est composé pour le moment de trois espèces thibétaines à corps robuste, très velu en dessous et terminé par un pinceau anal, formé de poils assez longs, et élargi à son extrémité dans les ♂, tandis qu'il se termine par une simple pointe dans les ♀. En dessus, les ailes sont noires avec des dessins jaunes sur les supérieures, blancs ou jaunâtres sur les inférieures.

Le dessous est également noir avec des taches jaune clair sur les supérieures et les inférieures et un lavis orangé sur les inférieures seulement.

Syfania Déjeani, provient de Tchang-Kou où elle a été prise en mai et juin 1892.

Syfania Giraudeaui a été recueillie également en mai et juin 1892, à Oua-Se, Yu-Tong et Kitchang-Kou.

Ces deux espèces sont dédiées à MM. les R. P. Déjean et Giraudeau, missionnaires apostoliques du Thibet.

La *Syfania Bieti* à laquelle nous comparerons les deux nouvelles espèces, a été recueillie à Tâ-Tsien-Loû.

Nous avons reçu des exemplaires en parfait état de conservation des trois espèces.

Déjeani diffère en dessus de *Bieti* par les taches jaunes des ailes supérieures plus grandes et coupées plus droit, les taches des ailes inférieures jaune de chrome et non blanches, le bord anal frangé de poils orangés et une tache marginale orangée commençant à l'angle anal et s'arrêtant assez court au premier quart du bord terminal. De plus, chez *Déjeani*, la frange des inférieures est jaune, puis noire, au lieu d'être blanche, très légèrement noire et, enfin, blanche comme chez *Bieti*; la frange des supérieures est entièrement noire dans *Déjeani* et n'a pas l'apex blanc comme dans *Bieti*.

En dessous, les taches des ailes sont d'un jaune nankin uni chez *Déjeani* et la tache orangée du dessus reparaît à l'angle anal.

Les pattes sont noires et orangées, plus finement annelées de blanc à leur extrémité chez *Bieti*, orangées et tachetées de noir chez *Déjeani*.

Quant à *Giraudeaui*, elle est un peu plus petite que les deux autres ; les taches ordinaires de ses ailes supérieures sont plus semblables, comme direction et forme, à celles de *Bieti* que de *Déjeani*; les taches de ses ailes inférieures sont jaune nankin très pâle et, ce qui n'existe dans aucune des deux autres espèces, le bord terminal est orné d'une bande maculaire jaune nankin qui s'arrête, en s'élargissant un peu, avant d'atteindre l'angle anal.

La frange des supérieures est brune et l'angle apical porte un tout petit point blanc; la frange des inférieures est jaune nankin avec une petite partie noirâtre. En dessous, *Giraudeaui* a les taches d'un ton uniforme nankin clair, sauf un trait orangé le long du bord costal des supérieures, s'arrêtant au trait noir qui traverse les ailes, à partir du bord costal vers le bord anal, comme chez *Bieti* et *Déjeani*, mais moins épais que dans ces deux espèces.

Le dessous est couvert de poils jaune nankin, avec la touffe anale orangée. Les pattes sont orangé brillant, dépourvues des taches noires qui ornent celles des deux autres espèces.

CHALCOSIIDÆ

Agalope Déjeani, Obthr. (Pl. II, fig. 24).

Nous possédons six exemplaires ♂ très frais, pris dans le pays, à six ou huit journées de marche nord-ouest de Tâ-Tsien-Loû.

L'*A. Déjeani* est voisine de *Bieti* Obthr. (*Études d'Ent.*, XIe liv., pl. VI, fig. 48). Elle est plus grande, moins obscure, très distincte par la forme et la direction des lignes épaisses, brunâtres qui traversent à partir de la base, l'aile supérieure du bord costal au bord interne. Dans *Bieti*, ces lignes sont droites et perpendiculaires au bord costal. Chez *Déjeani* elles sont anguleuses et ne s'avancent pas proportionnellement aussi loin dans la direction du bord terminal.

ZYGÆNIDÆ

Phacusa Djreuma, OBTHR. (Pl. II; ♀, fig. 31).

Tsé-Kou (R. P. Dubernard).

La *P. Djreuma* est la plus grande espèce du genre qui nous soit actuellement connue. Les antennes sont un peu moins plumeuses dans le ♂ que chez certaines autres espèces du groupe (*) qui est répandu dans toute la région indienne et chinoise.

La tête est ornée d'une tache vert émeraude brillant.

Les ailes et surtout les inférieures, sont hyalines dans les espaces intranervuraux. Par ailleurs elles sont rembrunies au contact des nervures qui sont noires et le long du bord terminal.

Le thorax et les pattes sont noirs.

L'abdomen est noir avec un reflet de rouge feu.

Les antennes du ♂ sont noires; celles de la ♀ sont vert doré.

Le nom de *Djreuma* est emprunté à la langue thibétaine. Il est donné aux femmes et signifie la déesse Vénus.

NOTODONTIDÆ

Notodonta Trachitso, OBTHR. (Pl. IV, fig. 55).

Tâ-Tsien-Loû (mai 1892).

Belle espèce dont les ailes gris jaunâtre sont, pour les supérieures en dessus, agréablement tachetées de brun rougeâtre, d'un aspect un peu soyeux et très doux.

(*) Quelques espèces découvertes par M. Doherty dans la Haute-Birmanie et en Siam, encore inédites et que nous nous proposons de faire ultérieurement connaître, semblent indiquer que les *Notioptera* et les *Phacusa* doivent former un seul et même genre. C'est en réunissant les espèces actuellement connues de *Notioptera* (Butler 1876) et de *Phacusa* (Walker 1854) et en y ajoutant huit espèces nouvelles, que nous envisageons le genre *Phacusa*.

Nous possédons une seule ♀ très fraîche. Le nom que nous lui avons donné est thibétain et veut dire : *Océan de félicité.*

La taille est celle des grands exemplaires de *Tritophus*. Le corps est gris jaunâtre ; les épaulettes sont épaisses et le centre du thorax est plus blond et moins gris que les côtés.

En dessus, les supérieures présentent un trait cellulaire rougeâtre finement entouré de jaunâtre ; une éclaircie cellulaire de forme à peu près ronde ; une tache basilaire, située au-dessous de la nervure médiane, gris jaunâtre comme les épaulettes auxquelles elle paraît liée ; un lavis brun chocolat clair un peu inégal de ton, irrégulièrement répandu sur tout le milieu, traversé au-dessous de la nervure médiane par quatre traits jaunâtres plus ou moins marqués, et divisé au contact du bord costal par quatre taches grises semées d'atomes noirs très fins. De plus, une ligne de la même teinte brun chocolat, sinueuse, extracellulaire, un peu plus foncée, descend du bord costal au bord interne. Le bord terminal est entièrement teinté de gris jaunâtre et la frange, gris jaunâtre également, est entrecoupée de brun.

Les inférieures sont grises avec le bord marginal jaunâtre et une ligne courbe, aussi jaunâtre, descendant parallèlement au bord terminal, depuis le bord costal jusqu'au bord anal. La frange est jaunâtre, puis brunâtre près de l'angle anal où la bande grise, située entre les deux bandes jaunâtres marginale et submarginale précitées, aboutit en une couleur plus foncée, se liant à l'obscurcissement de la frange. Un petit point brunâtre surmonte l'autre côté de l'extrémité anale de la bande submarginale jaunâtre.

Le dessous est gris soyeux ; le bord des ailes est plus clair que le disque et jaunâtre ; l'aile inférieure a, de plus qu'en dessus, un croissant cellulaire et une ligne transverse bruns.

L'aile supérieure a une tache costale rougeâtre près et un peu en arrière de l'apex. Cette tache se fond dans une ombre sur laquelle on distingue vaguement une ligne transverse plus claire.

DREPANULIDÆ

Platypteryx Nguldoe, Obthr. (Pl. II, fig. 29).

Provient du pays entre Tâ-Tsien-Loû et Mou-Pin.

Le fond des ailes, en dessus comme en dessous, est blanc d'argent, avec des reflets un peu rosés. Au centre des ailes supérieures, en dessus, il y a une grosse tache occupant tout l'espace du bord costal au bord interne; cette tache est brune, sablée d'atomes orangés et traversée par une ligne très sinueuse écrite en orangé et en blanchâtre. Le voisinage de la base est marqué de trois taches grises, dont une costale; le bord terminal est orné d'une bande maculaire grise, chaque macule étant séparée de l'autre par le trait nervural blanc; cette bande maculaire se continue aux inférieures jusqu'à l'angle anal. De plus, une bande submarginale, également grise, liée à la tache centrale brune, très dentelée, et dont les pointes aboutissent aux traits blancs nervuraux, naît au-dessous de l'angle apical et descend, en se prolongeant sur l'aile inférieure, jusqu'au bord anal.

L'aile inférieure offre en outre une bande médiane grise, irrégulière, beaucoup plus grosse près du bord anal et plus étroite près du bord antérieur.

La tête est gris foncé; le thorax est blanc, l'abdomen est gris en dessus, blanc en dessous.

Les ailes en dessous reproduisent les dessins du dessus en un gris soyeux, de teinte à peu près uniforme.

Le nom *Nguldoc*, qui signifie *argenté* en thibétain, rappelle la couleur qui fait le fond des ailes du nouveau *Platypteryx*.

PHALÆNIDÆ

Urapteryx Kernaria (*), Obthr. (Pl. II, fig. 20).

Tsé-Kou (R. P. Dubernard).

Les quatre ailes sont blanches; les supérieures sont traversées du bord costal au bord interne par deux traits bruns, assez droits et d'égale épaisseur, nullement parallèles. Elles sont en outre sablées de taches brunes dissymétriques, c'est-à-dire non semblablement distribuées sur chaque côté des ailes.

Les inférieures sont également dissymétriquement tachetées de brun et l'ensemble de ces macules forme une sorte de V. De plus, elles portent trois points noirâtres dont deux de chaque côté du petit prolongement caudal et le troisième vers l'angle anal.

Le dessous un peu plus mat et d'un ton un peu plus jaunâtre que le dessus, en reproduit exactement toutes les taches. Le corps est blanc, la frange est brune.

(*) Du thibétain *Kerna* : Blanc et noir.

Nous avons expliqué dans une précédente livraison des *Études d'Entomologie* comment nous procédions pour la représentation des Papillons par la gravure sur pierre.

D'abord nous photographions à la taille naturelle tous les sujets à reproduire. Nous calquons très soigneusement la photographie ; nous reproduisons exactement le calque sur pierre et nous gravons avec le Papillon lui-même sous les yeux.

Nous obtenons ainsi une ressemblance complète de tous les détails. On peut donc être sûr que rien n'étant laissé à la fantaisie, la figure 20 de la planche II de cet ouvrage reproduit absolument les deux ailes si dissemblables entre elles de l'*Urapteryx Kernaria*.

Un certain nombre de Lépidoptères, d'ailleurs, sont toujours dissymétriques, les *Urania* et les *Cydimon* entre autres. Nous ne croyons pas qu'il existe une seule *Urania* ayant les deux côtés des ailes semblables. Cela n'a pas empêché M. Boisduval (*Faune de Madagascar*) de faire représenter une *Urania Riphæus* symétrique et plus récemment M. Saalmüller (*Lepidopteren von Madagascar*) de laisser graver sur la planche de frontispice, le même Papillon infiniment plus symétrique que la nature ne paraît en avoir jamais produit.

Nous avons trouvé l'explication de l'erreur commise par Boisduval. Les peintures originales (que nous possédons) exécutées par M. E. Blanchard ne sont coloriées que d'un côté. Pour l'autre côté, le peintre a seulement fait le calque au trait du côté qu'il avait colorié et le graveur s'est conformé exactement au modèle. Il n'en est pas moins étonnant qu'une particularité aussi saillante que la dissymétrie des ailes de l'*Urania Riphæus* ait pu échapper à l'auteur M. Boisduval et au dessinateur M. Blanchard qui, tous deux, ont eu le Papillon un certain temps sous les yeux.

Si certains Lépidoptères sont toujours dissymétriques, d'autres, au contraire, malgré la complication des dessins qui ornent leurs ailes, ont les deux côtés parfaitement semblables. Tels sont les *Cyrestis*.

Caustoloma Lozonaria (*), OBTHR. (Pl. IV, fig. 57).

Tâ-Tsien-Loû (R. P. Déjean).

Ailes supérieures en dessus, jaune nankin, traversées par deux ombres plus foncées, l'une sinueuse, submarginale et se prolongeant aux inférieures, l'autre située plus près de la base, moins accentuée que la première, descendant assez droit sur le bord interne et

(*) Du thibétain *Lozon*, nom d'homme signifiant : Bonne intelligence.

prenant naissance dans une tache brune, costale, triangulaire. Au-delà de cette tache costale, on en voit une seconde costale, également triangulaire et plus grosse, enfin deux autres, de la même couleur brun foncé, plus petites. La dernière de ces taches est placée immédiatement avant l'angle apical. Le bord terminal, de chaque côté de la saillie médiane que présente le contour extérieur de l'aile, comme chez les autres espèces du genre *Caustoloma* (*Himalayata*, *Flavicaria*, *Triangulum*), est marqué de brun; tandis que la pointe saillante reste jaune.

Les ailes inférieures sont plus claires, d'un blanc jaunâtre un peu brillant, avec le bord anal jaune nankin; le bord terminal est brunâtre; une ligne transversale sinueuse va du bord costal au bord anal et on l'aperçoit par transparence du dessous; il y a en outre un trait cellulaire, très fin, noirâtre.

En dessous, les quatre ailes sont jaune nankin, tout sablé d'atomes brun rougeâtre; une ligne commune submarginale, courbe sur chaque aile et brun rougeâtre, descend du bord costal au bord anal. Le trait cellulaire, aux inférieures, est indiqué comme aux supérieures; les taches costales des supérieures sont diffuses et mal indiquées, le voisinage du bord terminal est assombri aux supérieures de deux taches irrégulières brun rouge, au dessus et au dessous de la saillie du contour de l'aile; une tache analogue existe aux inférieures.

La tête est brune, le corps et les pattes sont jaune nankin.

Hemerophila Tchraparia (*), Obthr. (Pl. V, fig. 63).

Tâ-Tsien-Loû (R. P. Déjean).

Petite espèce d'aspect grêle, à antennes relativement longues, ayant le fond des ailes couleur brun rougeâtre en dessus, avec un lavis noirâtre sur tout le milieu des supérieures, un semis inégal de petits traits noirs sur toutes les ailes et une ligne commune, plus dentelée aux supérieures, descendant du bord costal au bord anal. Le trait cellulaire est mieux marqué aux supérieures qu'aux inférieures. Le corps, en dessus, est de la couleur des ailes.

Le dessous est d'un brun plus pâle, assez uniforme, avec la ligne transverse commune moins sinueuse qu'en dessus et la partie en deçà de cette ligne plus noirâtre que la partie au delà.

Les pattes sont fauve clair.

(*) Du thibétain *Tchrapa* : Frère lai des lamaseries.

Tephrosia tamaria (*), OBTHR. (Pl. V, fig. 78).

Tâ-Tsien-Loû (R. P. Déjean).

En dessus, le fond des ailes supérieures est gris violâtre, traversé au milieu par une large bande plus claire. L'espace basilaire gris violet est traversé par une première ligne sinueuse allant du bord costal au bord interne, et séparé de la partie claire par une autre ligne également sinueuse, commençant au bord costal par un épaississement en forme de tache et finissant au bord interne en une macule triangulaire. Au-delà de la partie claire, dans l'espace submarginal, il y a une tache costale brun violet soudée à une autre de même couleur et de forme arrondie.

Les inférieures sont grises à la base, plus blanches pour le reste de leur surface, traversées par une ligne gris foncé, courbe et à peu près parallèle au bord terminal.

Elles sont marquées d'un point cellulaire.

Le dessous est gris, plus foncé aux supérieures. Chaque aile a une ligne transverse courbe, noirâtre et un point cellulaire.

La frange est grise entrecoupée de brun.

Le corps est de la couleur des ailes.

Tephrosia Tindzinaria (**), OBTHR. (Pl. V, fig. 75).

Tâ-Tsien-Loû (R. P. Déjean).

Espèce assez robuste, d'un aspect général blanchâtre, avec la côte brune, séparée de l'espace central blanc par une double ligne noir violâtre; il y a en outre une tache costale, médiane noirâtre, assez grosse et une ligne sinueuse, transverse, limitant la partie blanche centrale de l'espace submarginal qui est marbré irrégulièrement de jaunâtre et de brun plus ou moins fauve ou violâtre. Cette ligne transverse est double. Le filet extérieur est fin et brunâtre: le trait intérieur est épaissi de taches noires dont la plus grosse est contiguë au bord costal.

Cette double ligne se prolonge sur les ailes inférieures qui sont sablées légèrement d'atomes gris et traversées par la double ligne en prolongement des supérieures. Le

(*) Du thibétain *Tama* : Rhododendron.

(**) Du thibétain *Tindzin* qui est un nom d'homme.

premier trait en est indiqué par une simple ponctuation noirâtre interrompue et le second, plus faiblement encore, par une coloration jaunâtre. Le contour des ailes inférieures est dentelé. La frange est assez longue, brune, entrecoupée irrégulièrement de jaunâtre aux supérieures, grise aux inférieures. Le bord terminal de celles-ci est, entre chaque saillie nervurale, marqué d'un petit croissant noir.

Le thorax est brun comme la tache basilaire des ailes; l'abdomen est gris.

Le dessous reproduit, d'une manière plus pâle et plus indécise, les taches et lignes du dessus. Les ailes supérieures y sont moins blanchâtres que les inférieures, et comme salies de brun violâtre et jaunâtre pâle.

Tephrosia Pongaria (*), Obthr. (Pl. IV, fig. 53).

Tà-Tsien-Loû (R. P. Déjean).

La *T. Pongaria* est une espèce frêle et délicate, ayant les ailes supérieures d'aspect général verdâtre et les inférieures plus claires, blanches, semées d'atomes gris.

Le bord terminal des supérieures est finement liséré d'un feston régulier noir.

Le fond en est blanc légèrement jaunâtre, traversé par trois ombres irrégulières gris olivâtre, descendant du bord costal au bord interne et faisant ressortir les trois bandes qui restent de la couleur du fond. Des taches noirâtres, les unes très fines, les autres plus accentuées, et, celles-ci, formant au moins quatre lignes maculaires, sont parsemées sur la surface des ailes supérieures.

Le dessous des ailes est blanc, semé d'atomes gris. Ce semis est plus épais aux supérieures dont la base est largement lavée de gris clair et jusqu'au-delà du milieu. Les inférieures sont traversées par une ligne courbe de points noirâtres. Elles portent, en outre, un point cellulaire. Ce point existe sur les supérieures, mais il se confond avec la ponctuation générale.

Le corps est de la couleur des ailes.

Psyra Chiachiaria (**), Obthr. (Pl. V, fig. 64).

Tâ-Tsien-Loû (R. P. Déjean).

(*) *Pong*, en thibétain signifie : Prairie naturelle.
(**) *Chiachia*, en thibétain signifie : Gris.

Ailes grises; les supérieures en dessus plus foncées, semées d'un grand nombre d'atomes noirâtres et traversées du bord costal au bord interne par trois lignes, indécises, mal écrites, formées de taches noirâtres plus ou moins nettes et épaisses, généralement cunéiformes ; les inférieures gris blanchâtre, semées de traits noirs extrêmement fins, surtout le long du bord anal et du bord terminal.

Dessous gris, avec la partie centrale des supérieures très largement teinté de noirâtre ; un semis de traits noirâtres sur les inférieures et la côte des supérieures ; un point cellulaire aux quatre ailes ; une ligne transverse aux supérieures descendant assez droit du bord costal vers le bord interne entre le point cellulaire et le bord terminal ; une série de points noirs marginaux extrêmement fins.

Corps de la couleur des ailes.

Nous possédons deux ♂ très frais, variant un peu pour l'accentuation des taches.

Psodos Gnophosaria, Oberth. (Pl. III, fig. 45).

Tà-Tsien-Loû (R. P. Déjean).

Par le dessin des ailes, le curieux lépidoptère que nous avons appelé *Gnophosaria*, ressemble absolument aux espèces du genre *Gnophos* ; mais l'examen de ses antennes et de son corps ne nous permet pas de le placer autrement que dans le genre *Psodos*.

Les ailes en dessus sont jaunâtres, saupoudrées d'atomes noirs très fins, ce qui donne l'aspect général gris ocracé jaune. Chaque aile a une petite tache annulaire discoïdale noirâtre ; les supérieures sont traversées près de la base par une ligne noirâtre légèrement sinueuse descendant du bord costal sur le bord interne ; une ligne commune festonnée, noirâtre, descend du bord costal vers le bord anal, entre le point discal et le bord marginal ; l'apex des supérieures est plus obscurci que le fond des ailes, mais la partie obscure est traversée par un trait serpentant, de la couleur du fond. La frange est jaunâtre, comme le fond, entrecoupée de gris noirâtre.

Le dessous est jaune pâle avec l'apex noir, traversé par une ligne pâle, comme en dessus ; les points discoïdaux noirs et la ligne festonnée commune occupent la même place qu'en dessus.

La base des inférieures est noirâtre et vers l'apex des mêmes ailes, il y a un trait formé d'atomes noirs, descendant du bord costal au bord terminal, formant le côté le plus long d'un triangle avec le coin de ces deux bords.

Le corps est de la couleur des ailes.

Ephyra Tchrinaria (*), OBTHR. (Pl. II, fig. 25).

Provient du pays entre Tâ-Tsieu-Loû et Mou-Pin.

Phalénite très délicate, d'un gris un peu bleuâtre, avec les points orbiculaires, caractéristiques du genre *Ephyra*, visibles seulement parce qu'ils se détachent en plus pâle sur le fond gris des ailes. Des lignes courbes, finissant par être parallèles au bord marginal, descendent du bord costal des supérieures vers le bord anal des inférieures. Ces lignes sont très peu apparentes.

Le dessous est gris argenté soyeux, avec une ombre transversale qui accompagne extérieurement une ligne plus claire que le fond.

Le corps est de la couleur des ailes.

Venusia Tchraria (**), OBTHR. (Pl. III, fig. 32).

Tâ-Tsien-Loû (R. P. Déjean).

Ailes supérieures grises, traversées du bord costal au bord interne par des lignes plus ou moins ondulées ; paraissant être généralement deux par deux ; plus accentuées à la rencontre du bord costal et plus indécises vers le milieu des ailes, sauf, toutefois, pour les deux lignes extracellulaires qui sont accentuées chacune d'un chevron noir dans leur milieu.

Ailes inférieures blanc grisâtre soyeux, avec quatre lignes transverses, à peu près parallèles au bord terminal, sinueuses, plus accentuées à la rencontre du bord anal.

Le bord terminal des quatre ailes est liséré de noir, sauf à chaque contact des nervures où le liséré se trouve interrompu.

Dessous des supérieures gris assez foncé et des inférieures gris blanchâtre. Les supérieures ont une tache costale blanchâtre, d'où part la ligne médiane gris noirâtre commune qui va aboutir à l'angle anal des inférieures ; en outre, une double ligne festonnée, submarginale, commune, descend du bord costal jusqu'au bord anal.

(*) Du thibétain *Tchrin*, qui veut dire Nuage.
(**) Du thibétain *Tchra* : Rocher.

Le corps est de la couleur des ailes. Le dessus de chaque anneau abdominal paraît un peu crêtelé.

La *Venusia Tchraria* est assez voisine de la *V. Cambricaria*, d'Angleterre et des Alpes du Dauphiné.

Venusia Naparia (*), Obthr. (Pl. III, fig. 36).

Tâ-Tsien-Loû (R. P. Déjean).

Ailes grises, traversées du bord costal au bord anal par des lignes ondulées noirâtres, plus nombreuses aux supérieures qu'aux inférieures, présentant cette particularité que, sur la partie médiane, un espace relativement assez large est dépourvu de ces lignes et reste par conséquent uni. De plus, dans l'espace subterminal, les nervures, semblant un peu saillantes sur le fond des ailes, sont blanches et paraissent, à cause des lignes ondulées qui les traversent perpendiculairement, marquées de petits points blancs interrompus par ces lignes.

Les ailes inférieures sont plus claires que les supérieures et paraissent moins opaques et plus transparentes.

Comme dans *Venusia Tchraria*, le bord terminal est finement liséré de croissants noirs que sépare chaque extrémité nervurale.

Le dessous est plus foncé aux supérieures qu'aux inférieures.

Les lignes transverses, sinueuses du dessus y reparaissent, sauf à la base des supérieures.

Venusia Laria (**), Obthr. (Pl. III, fig. 34).

Tâ-Tsien-Loû (R. P. Déjean).

Le fond des ailes supérieures est gris en dessus; ces ailes sont traversées, près de la base, par un premier groupe de lignes brunes et noirâtres, descendant du bord costal au bord interne, et par un second groupe de lignes également brunâtres et noirâtres, très sinueuses, se liant, dans certains exemplaires, au premier groupe dont la direction est

(*) Du thibétain *Napa* : Forêt.
(**) Du thibétain *La* : Montagne.

variable, tantôt assez droite, tantôt formant une pointe. Il en résulte que l'espace médian, libre de lignes transverses, est quelquefois divisé en deux parties: cet espace médian est marqué d'un trait cellulaire noir, en forme d'accent grave. Au-delà du deuxième groupe de lignes transverses, on voit près du bord costal une tache brun cannelle centralement éclaircie de gris, et enfin une dernière double ligne subterminale, brunâtre et noirâtre, sinueuse, touchant en son milieu le bord terminal qui est lisérê d'une série de très petits triangles noirs, séparés les uns des autres par le contact des nervures.

Les ailes inférieures sont grises, plus ou moins rembrunies vers la base, traversées par plusieurs lignes ondulées brun clair, suivant assez parallèlement la direction du bord terminal entre l'extrémité de la cellule et le bord terminal qui, comme aux supérieures, est marqué de triangles noirs.

En dessous, les ailes supérieures sont d'un gris rosé, largement lavé de noirâtre et traversées par des lignes sinueuses moins visibles qu'en dessus. Les ailes inférieures, d'un gris blanchâtre, sont elles-mêmes traversées de lignes brun clair qu'accentue un petit trait noirâtre à la rencontre de chaque nervure.

Venusia Kioudjrouaria (*), Obthr. (Pl. III, fig. 46).

Tâ-Tsien-Loû (R. P. Déjean).

Espèce frêle, dont les ailes supérieures sont en dessus d'un gris assez uniforme, marquées d'un tout petit point discal noir, traversées par des lignes ondulées se dirigeant presque parallèlement au bord terminal et rembrunies par une ombre gris brun assez accentuée, descendant du bord costal vers le bord interne et située au-delà du point discal noir.

Les ailes inférieures sont gris un peu argenté, traversées assez parallèlement au bord terminal de lignes ondulées brunâtres.

Le bord terminal des ailes est liséré très finement de noir et ce liséré est interrompu au contact de chaque nervure.

Le dessous est gris argenté; les supérieures sont plus foncées et moins blanchâtres que les inférieures; les lignes ondulées du dessus y sont beaucoup moins apparentes.

(*) Du thibétain *Kioudjrou* : Torrent.

Acidalia Latsaria (*), OBTHR. (Pl. III, fig. 35).

Tà-Tsien-Loû (R. P. Déjean).

Les quatre ailes sont d'un gris brun; le milieu des supérieures et l'espace basilaire des inférieures sont unis, sans taches ni lignes. L'espace basilaire des supérieures présente quelques lignes et ombres brunes; on y voit un tout petit point discal noir et au-delà de ce point, deux lignes brun rougeâtre assez droites descendent du bord costal des supérieures et se prolongent jusqu'au bord anal des inférieures, en y prenant une forme un peu ondulée. Sur les inférieures, au-dessus de cette double ligne, une ligne très fine, brun noirâtre, décrit un arc, du bord anal vers le bord costal qu'elle atteint cependant à peine.

Enfin, une ligne subterminale brun rouge aux supérieures, se prolonge, comme la double ligne précitée, jusqu'au bord anal des inférieures. Une tache noirâtre s'étend vers le milieu de l'espace subterminal des ailes supérieures.

Le dessous est d'un brun assez uniforme, cependant plus obscur aux ailes supérieures, et reproduit, mais d'une façon très atténuée, les lignes du dessus.

Acidalia Tchratchraria (**), OBTHR. (Pl. IV, fig. 60).

Tà-Tsien-Loû (R. P. Déjean).

En dessus, les ailes sont blanches; les supérieures ont le côté brun verdâtre et sont traversées par six lignes de même couleur, un peu irrégulièrement espacées et assez parallèles au bord terminal qui est liséré du même brun, avec la frange assez longue, brune, entrecoupée de blanc.

Les ailes inférieures sont traversées par deux lignes droites brun pâle, du bord costal au bord anal et ponctuées d'une série submarginale de points bruns.

Le dessous reproduit le dessus, mais les lignes des ailes supérieures sont empâtées et tendent à confluer.

Somatina Azonaria (***), OBTHR. (Pl. IV, fig. 50).

Tà-Tsien-Loû (R. P. Déjean).

(*) Du thibétain *Latsa* : Pied de la montagne.
(**) Du thibétain *Tchratchra* : Bariolé.
(***) Du thibétain *Azon* : La bonne.

En dessus, la base des ailes supérieures est brune et la teinte brune va en s'assombrissant jusqu'au-delà du milieu de l'aile. Là, cette teinte est limitée nettement par son bord extérieur un peu sinueux, mais descendant en direction assez droite, du bord costal au bord interne. L'espace médian et subterminal sont plus clairs, parcourus par des ombres brunes et par une éclaircie de petits croissants blanchâtres.

Les ailes inférieures, gris un peu brunâtre, ont un aspect soyeux; plusieurs lignes brunâtres les traversent au-delà de la cellule et parallèlement au bord terminal.

En dessous, les ailes supérieures ont la base d'un brun noirâtre, peu foncé et assez uni; au-delà, les lignes ondulées, d'un aspect général rougeâtre, parallèles au bord terminal, se prolongent sur les ailes inférieures et jusqu'au bord anal.

Le corps est brun en dessus; en dessous, il est de la couleur des ailes.

Hâlia Adzearia (*), Obthr. (Pl. IV, fig. 62).

Tâ-Tsien-Loû (R. P. Déjean).

Le fond des ailes est gris, rembruni par une foule d'atomes brun rougeâtre. Près de la base, les supérieures sont traversées en dessus, par une ligne brun rouge, assez épaisse; au-delà de cette ligne, on voit un espace assez large, clair, puis une ligne brune, transversale, épaisse, assez droite, contiguë vers son milieu à une ligne de même couleur, descendant également du bord costal vers le bord interne et se courbant pour rencontrer l'autre ligne, de façon à laisser un espace costal gris et un autre espace gris, de forme triangulaire, assis sur le bord interne.

Au contact de ces deux lignes, il y a un obscurcissement noirâtre.

La partie subterminale des ailes est brunâtre et traversée par une ligne dentelée, blanchâtre, se courbant parallèlement à la ligne brune qui la précède, et descendant de l'angle apical à l'angle interne.

Les ailes inférieures sont traversées du bord costal au bord anal par trois lignes brunes. La frange est entrecoupée de gris et de brunâtre.

En dessous, les inférieures diffèrent peu du dessus; mais les supérieures sont lavées de noirâtre à la base et sur le disque, et les lignes du dessus y sont très atténuées.

Les antennes du ♂ sont pectinées. Le corps est à peu près de la couleur des ailes.

(*) Du thibétain *Adzé* : La belle, nom d'enfant.

Siona Naseraria (*), OBTHR. (Pl. V, fig. 72).

Tâ-Tsien-Loû (R. P. Déjean).

Ailes jaune nankin, avec toutes les nervures noires, ainsi que la frange des supérieures et une partie de celle des inférieures.

Corps, pattes et antennes noirs.

Abraxas Nymphidiaria, OBTHR. (Pl. II, fig. 28).

Rencontrée pendant le voyage de Tâ-Tsien-Loû à Mou-Pin, en mai et juin 1892.

Ailes blanches avec la côte des supérieures noire et à peu près comme dans *Stiboges Nymphidia* dont *l'Abraxas Nymphidiaria* est mimique; le bord terminal des ailes est noir, maculé de blanc; la frange noire entrecoupée d'une tache blanche à chaque aile.

Le dessous est comme le dessus.

Le corps est noir en dessus; en dessous le thorax et les pattes sont jaunâtres et l'abdomen est blanchâtre.

Abraxas Tandjrinaria (**), OBTHR. (Pl. II, fig. 23).

Récoltée à six ou huit journées au nord-ouest de Tâ-Tsien-Loû (été 1891).

Espèce très délicate, dont je ne connais que la ♀.

Ailes blanc de neige, avec les nervures, surtout aux supérieures, finement écrites en noir. Bord terminal des supérieures brun noir traversé par une ligne submarginale fauve doré, dentelée à droite et à gauche, et se bifurquant vers l'apex et le bord costal. Bord terminal des inférieures orné de deux séries punctiformes, noires, parallèles.

Dessous comme le dessus, mais avec le point cellulaire de chaque aile plus accentué.

Antennes très légèrement soyeuses; épaulette et collier jaune d'or; abdomen blanc maculé de noir.

Abraxas Djrouchiaria (***), OBTHR. (Pl. III, fig. 37).

Tâ-Tsien-Loû (R. P. Déjean).

(*) Du thibétain *Naser* : Noir et jaune.
(**) Du thibétain *Tandjrin* : Divinité bienfaisante.
(***) Du thibétain *Djrouchi*, nom de femme signifiant : Qui connaît la perfection.

Ailes blanc de neige; les supérieures avec les nervures noires; un point cellulaire noir assez gros; une bande noire extracellulaire, descendant du bord costal et de l'apex sur le bord interne, centralement traversée d'un ruban jaune d'or; le bord terminal liséré de noir finement divisé de blanc par les nervures, de façon à former une série de gros points marginaux.

Les inférieures bordées de points noirs; la tache noire cellulaire plus apparente en dessous qui autrement reproduit le dessus.

Tête noire; épaulettes jaunes.

Abraxas Trachiaria (*), Obthr. (Pl. II, fig. 21).

Décrite d'après une ♀ trouvée pendant le voyage de Tà-Tsien-Loù à Mou-Pin, en mai 1892.

Espèce robuste, appartenant à un groupe paraissant assez abondamment répandu au Japon (*Whitelyi*, *Placida*, *Felderi*, etc.).

Ailes semblables sur les deux faces, d'un brun noir, parsemées de taches et lignes hyalines; les inférieures lavées de jaune d'or, le long du bord anal et du bord terminal.

Tête noire; collier et épaulettes jaune d'or; abdomen noirâtre annelé de jaune en dessus et jaune en dessous; pattes teintées de brun et de jaune.

Rhyparia Idaria (**), Obthr. (Pl. V, fig. 73) et **Rhyparia Rongaria** (***), Obthr. (Pl. II, fig. 22).

Tsé-Kou (R. P. Dubernard).

En dessus, les deux *R. Idaria* et *Rongaria* ont les ailes supérieures jaune d'or un peu plus clair vers la base et parsemées de taches noires; les ailes inférieures sont d'un brun noirâtre beaucoup plus clair vers la base et le bord anal.

Idaria est plus petite et diffère de *Rongaria* par le semis inégal de points ronds noirâtres qui saupoudre tout à fait dissymétriquement ses ailes. *Rongaria* montre, en dehors du

(*) Du thibétain *Trachi*, nom d'homme signifiant : Le bonheur.

(**) *Ida*, déesse infernale des Thibétains.

(***) En thibétain, *Rong* : Vallée chaude.

point discoïdal, une ligne noire, épaisse, transversale, courbe et un semis de points noirs le long du bord marginal.

En dessous les ailes supérieures reproduisent le dessus, mais le dessous est lavé de blanchâtre chez *Idaria*, de blanchâtre et de jaunâtre chez *Rongaria*.

Larentia Adjrouaria (*), Obthr. (Pl. IV, fig. 59).

Tâ-Tsien-Loû (R. P. Déjean).

Les ailes supérieures en dessus sont mélangées de brun olivâtre, de jaune, de noir et de blanc. Elles sont traversées par une ombre centrale assez large, dont les contours sont très sinueux, et par des ondulations blanches, brunâtres et jaunâtres, descendant du bord costal au bord interne. Les nervures sont accusées par une ponctuation blanche et noire alternant assez régulièrement.

Les ailes inférieures sont gris argenté, avec des ondulations alternant plus claires et plus foncées, parallèlement au bord terminal. Le point discoïdal est assez net; la frange est alternée de jaunâtre et de noirâtre.

Le dessous est très remarquable par les ondulations des ailes inférieures, sur un fond noirâtre. Les supérieures sont noirâtres avec le bord costal entrecoupé de jaunâtre près de l'apex. Les franges sont jaunâtres entrecoupées de noirâtre.

Le corps est de la couleur des ailes.

Larentia Neurbouaria (**), (Pl. V, fig. 77).

Tâ-Tsien-Loû (R. P. Déjean).

Ailes supérieures vertes en dessus, avec des taches, lignes et dessins brun foncé et brun clair et quelques macules blanches. Les nervures sont marquées de noir et de blanc alternés.

Ailes inférieures gris blanchâtre argenté, avec trois ondulations punctiformes, gris noirâtre, parallèles au bord terminal. Dessous gris un peu jaunâtre, plus foncé aux supérieures, avec les taches discoïdales assez nettes et la reproduction atténuée des dessins et taches du dessus.

(*) En thibétain *Adjrou* signifie : La parfaite, nom de femme.
(**) En thibétain *Neurbou* signifie : Pierre précieuse, nom d'homme.

Larentia Chimakaleparia (*), OBTHR. (Pl. III, fig. 33).

Tâ-Tsien-Loû (R. P. Déjean).

Fond des ailes blanchâtre en dessus, avec la base largement teintée de brun rougeâtre; une tache brun rougeâtre comme la tache basilaire et, comme elle aussi, limitée très irrégulièrement dans son contour extérieur par du noirâtre très large au contact du bord costal et aboutissant par un point assez gros vers le bord interne. Une ligne brune, un peu irrégulière, submarginale, descendant du bord costal au bord interne; deux taches noires, dont la supérieure beaucoup plus grosse, entre cette ligne submarginale et le bord marginal.

Ailes inférieures bordées de gris et traversées par une ondulation grise. Frange des supérieures entrecoupée de brun et de blanc jaunâtre; frange des inférieures blanc jaunâtre.

Dessous des supérieures luisant, brun noirâtre mélangé de blanchâtre, reproduisant par transparence les dessins du dessus. Dessous des inférieures blanc jaunâtre, sablé légèrement de noirâtre, avec deux lignes transversales noirâtres.

Scotosia Seseraria (**), OBTHR. (Pl. V, fig. 71).

Tâ-Tsien-Loû (R. P. Déjean).

Grande espèce, à ailes supérieures aiguës à l'apex, d'un fauve doré d'aspect très doux, traversées par des lignes ondulées, descendant du bord costal où elles sont amorcées en noirâtre sur un fond gris blanchâtre jusqu'au bord interne. Ces lignes ondulées sont très visibles, mais d'un gris très peu saillant sur la couleur fauve doré du fond. La ligne submarginale est blanche.

Les inférieures sont beaucoup plus pâles, soyeuses, également traversées par des lignes ondulées qui semblent continuer celles des ailes supérieures.

Dessous d'un fauve très pâle; les supérieures plus obscures que les inférieures, surtout vers le bord marginal, par la transparence en gris noirâtre des dessins du dessus.

Corps de la couleur des ailes.

(*) *Chimakalep*, en thibétain, signifie : Papillon.
(**) *Seser*, en thibétain, signifie : Fauve.

Larentia Tonchignearia (*), Obthr. (Pl. V; ♂, fig. 67; ♀, fig. 66).

Tà-Tsien-Loû (R. P. Déjean).

Larentia, voisine de notre *Turbata*, remarquable par ses ailes inférieures blanches, bordées de noir un peu bleuâtre. Les ailes supérieures, en dessus, sont obscures, d'aspect noirâtre, traversées par des lignes ondulées, semées de quelques atomes jaunâtres et éclairées d'une tache costale médiane, blanchâtre.

Le ♂ (fig. 67) diffère de la ♀ (fig. 66) par la direction générale moins droite des lignes ondulées qui traversent les ailes supérieures, la forme des ondulations moins adoucie, la tache blanchâtre costale plus nette et moins obscurcie d'atomes noirâtres.

En dessous, les deux sexes ont les ailes supérieures d'un noir bleuâtre peu foncé, avec une tache médiane, une tache costale et une tache apicale blanches.

Melanippe Kezonmetaria (**), Obthr. (Pl. IV, fig. 48).

Melanippe Ouanguemetaria (***), Obthr. (Pl. IV, fig. 52).

Melanippe Lugens, Obthr. (Pl. III, fig. 38).

Tà-Tsien-Loû (R. P. Déjean).

Nous avons déjà figuré dans la XIe livraison des *Études d'Entomologie* la *Melanippe Lugens* (Pl. II, fig. 4). Nous faisons figurer dans la présente livraison une variété de *M. Lugens*, plus obscure que le type. Nous comparerons à *Lugens* les deux nouvelles espèces.

Kezonmetaria est plus petite; le fond de ses ailes en dessus est jaune pâle; les dessins sont à peu près les mêmes que chez *Lugens*; mais plus fins, écrits en brun et non en noir; les ailes inférieures n'ont pas de large bordure noire, mais seulement un liséré marginal de points noirs très fins. Le dessous est plus pâle, les dessins des ailes y sont atténués vers la base des supérieures; les inférieures ont en plus deux lignes ondulées, transverses, très fines.

Ouanguemetaria rappelle vaguement une *Euclidia*. Les dessins sont plus épais aux ailes

(*) *Tonchigne*, en thibétain, veut dire : Sapin.
(**) *Kezonmeto*, en thibétain, signifie : Marguerite.
(***) *Ouanguemeto*, en thibétain, signifie : Rose.

supérieures que chez *Lugens*; le blanc du fond des ailes est un peu bleuâtre, tandis qu'il est plutôt jaunâtre chez *Lugens*; les ailes inférieures en dessus laissent transparaître les dessins du dessous qui est très différent de *Lugens*. Au-delà du point discoïdal, il y a deux lignes noires, assez épaisses, presque parallèles entre elles et un feston blanc marginal, ressortant sur la bordure noire.

Cidaria Metaria (*), Obthr. (Pl. IV, fig. 54).

Tâ-Tsien-Loû (R. P. Déjean).

Voisine de *Chrysoprasis*, Obthr., de Tâ-Tsien-Loû; elle en diffère par la forme des taches qui ornent, d'une manière si compliquée, ses ailes supérieures. La comparaison de la figure de *Chrysoprasis* (*Étud. d'Entom.*, Xe livr., pl. I, fig. 2) et de *Metaria* rendra aisément compte des différences qui séparent les deux espèces.

Cidaria Corylata, Thnbg, var. **Tsermosaria** (**), Obthr. (Pl. III, fig. 43 et 47).

Tâ-Tsien-Loû (R. P. Déjean).

Nous considérons comme une race locale de notre *Corylata*, cette jolie Phalénite qui se trouve aussi, mais avec des nuances plus vives, à Tonglo (Sikkim).

Nous avons fait figurer un ♂ et une ♀. Ils sont assez différents l'un de l'autre; la ♀ a les ailes supérieures plus claires. C'est surtout la tache diagonale blanchâtre, divisant l'angle apical en deux parties égales qui différencie *Tsermosaria* de *Corylata*.

Anticlea Pendearia (***), Obthr. (Pl. V, fig. 69).

Tâ-Tsien-Loû (R. P. Déjean).

Espèce voisine de notre *Badiata*. Les dessins des ailes supérieures en dessus sont très analogues; mais la couleur générale est plus grise et plus claire. En dessous, les deux

(*) Du thibétain *Meto*, qui signifie : Fleur.
(**) Du thibétain *Tsermo*, qui signifie : Buisson.
(***) *Pende*, en thibétain, désigne le Novice des lamaseries.

espèces ne peuvent être confondues. *Pendearia* est grise avec une ligne noirâtre, commune, extracellulaire, formant une courbe régulière du bord costal des supérieures au bord anal des inférieures.

Eubolia Lakearia (*), Oberth. (Pl. IV; ♂, fig. 58; pl. III; ♀, fig. 44).

Tà-Tsien-Loû (R. P. Déjean).

Fond des ailes supérieures en dessus gris argenté, avec la base et une bande médiane transversale brun rougeâtre et de nombreuses ombres brunâtres, dont une très sinueuse, submarginale, plus accentuée que les autres. Les nervures sont marquées de points noirs régulièrement alternés de gris; les points discoïdaux des quatre ailes sont bien indiqués. Les inférieures sont grises, mais plus claires chez le ♂ que chez la ♀.

En dessous, les ailes sont grises; mais les supérieures sont plus foncées et un peu jaunâtres; les points discoïdaux sont bien apparents, ainsi que le contour extérieur de la bande médiane, brun rougeâtre transparaissant du dessous, sous la forme d'une ombre très sinueuse.

Trichopleura Undulosa, Alpheraki (Pl. 4, fig. 56).

Tà-Tsien-Loû (R. P. Déjean).

Nous possédons plusieurs très beaux exemplaires de cette Phalénite.

Ils ont été pris en mai et juin 1892. M. Alpheraki qui, le premier, l'a décrite, n'a connu que la ♀. Il l'a fait figurer dans les *Mémoires sur les Lépidoptères* publiés par S. A. I. le grand-duc Nicolas Mich. Romanoff (Vol. VI, pl. III, fig. 9). Nous avons fait représenter dans le présent ouvrage un individu ♂ et nous avons ajouté le dessin du dessous des ailes.

La figure chromolithographiée dans les *Mémoires* précités, nous paraît d'ailleurs laisser à désirer, surtout pour l'exactitude des détails des ailes inférieures et du bord marginal des supérieures.

Trichopleura Déjeani, Oberth. (Pl. IV, fig. 51).

Tà-Tsien-Loû (R. P. Déjean).

(*) *Lake*, en thibétain, signifie : Milieu de la montagne.

Belle espèce, relativement très grande; les ailes supérieures en dessus sont d'un aspect général brun foncé, avec une grosse tache costale blanche. Une ligne principale, blanchâtre, très dentelée, descend du bord costal, où elle est amorcée par un trait blanc bien net, jusqu'au bord interne. En outre, une tache blanc grisâtre, en forme de V, près de l'apex et une quantité de taches et lignes ondulées, plus ou moins nettes, grisâtres, jaunâtres, brun noirâtre, sont distribués sur toute la surface des ailes supérieures, dont l'aspect est à la fois un peu velouté et brillant.

Les ailes inférieures sont blanchâtres près du bord costal, gris noirâtre près du bord anal, avec des lignes ondulées très fines, submarginales, visibles seulement dans la partie grise; la frange est jaunâtre, puis noirâtre, et le bord terminal est liséré de noir, sauf au contact de la partie blanche.

Le dessous est gris aux inférieures, mais plus foncé près du bord terminal, brun noirâtre aux supérieures; les deux ailes sont traversées, du bord costal au bord anal, par une ligne noirâtre plus épaisse près de la côte des supérieures, très dentelée. La tache blanche du dessus reparaît en dessous et s'y étend davantage. Le bord costal est jaunâtre, ainsi que l'apex. Un trait discoïdal noirâtre marque chaque aile.

Le corps est brun en dessus, jaunâtre en dessous. La tête est noire et les antennes sont filiformes.

Les pattes sont noirâtres, tachetées de jaune.

Trichopleura Moniliferaria, Obthr. (Pl. V, fig. 76).

Tâ-Tsien-Loû (R. P. Déjean).

Nous possédons beaucoup d'exemplaires. L'espèce est assez variable.

L'aspect général est gris un peu rosé, avec une tache costale, médiane, assez grosse, brune et centralement grise; une tache basilaire brune au contact de la côte, grise au-dessous; une série de lignes ondulées blanchâtres, descendant du bord costal au bord interne, assez peu distinctes, sauf la dernière marginale qui se détache le plus nettement et qui traverse deux ombres brunes plus foncées que le fond gris des ailes, au-dessous de l'apex et au-dessus de l'angle interne. De plus, on voit entre la grosse tache costale brune et le bord interne, une rangée moniliforme de quatre taches ovales, intranervurales, plus ou moins nettes, séparées ou confluentes, brun clair.

Les inférieures sont grises, soyeuses, plus pâles et presque blanches près du bord costal, traversées par des lignes ondulées blanchâtres et grisâtres.

Le dessous est gris, plus foncé aux supérieures, plus clair aux inférieures. Chaque aile est marquée d'un trait discoïdal noirâtre, en forme d'accent circonflexe. Les supérieures reproduisent en blanchâtre la tache costale, médiane, brune du dessus. Les inférieures sont traversées par trois lignes ondulées brun clair.

Le corps est gris sur les deux faces. Le dessous du collier est brun.

Trichopleura Penguionaria (*), Obthr. (Pl. V, fig. 70).

Tâ-Tsien-Loû (R. P. Déjean).

En dessus, les ailes supérieures sont brunes, sablées d'atomes gris, bruns et jaunes; ceux-ci (les bruns et les jaunes), régulièrement placés sur les nervures, au-delà d'une ligne transverse, ondulée, blanche, descendant de la côte au bord interne et perpendiculairement à celui-ci. L'espace compris entre la base et cette ligne transverse blanche, est parcouru par des lignes ondulées, le plus souvent assez vagues, brun noirâtre.

Les ailes inférieures sont blanchâtres, avec un aspect brillant et soyeux; le voisinage du bord anal est grisâtre et on voit sur le gris deux ondulations brunâtres indécises. Le bord terminal est marqué de traits intranervuraux noirs, séparés entre eux par un point jaunâtre très petit, au contact de la nervure. Le dessous est gris, plus foncé aux supérieures; celles-ci ont au-dessous de la nervure médiane, un trait noirâtre soyeux, assez épais; la côte est un peu jaunâtre; une ligne ombrée, courbe, non ondulée, traverse chaque aile du bord costal vers le bord opposé; sur les supérieures, une ombre plus épaisse se trouve entre cette courbe et le bord terminal. L'abdomen est long. Le corps est brun en dessus, gris en dessous.

PSEUDOPSYCHIDÆ

Pseudopsyche? Yarka, Obthr. (Pl. IV, fig. 49).

Tâ-Tsien-Loû (R. P. Déjean), mai 1892.

Nous rangeons provisoirement dans le genre *Pseudopsyche* un petit lépidoptère à ailes

---

(*) En thibétain, *Penguion* : Petit bonze.

allongées, presque hyalines, tant est fin et peu épais le semis d'atomes grisâtres qui les recouvre en dessus. Les antennes sont assez longues, finement pectinées chez le ♂, seul sexe que nous connaissions encore; la tête, le thorax et l'abdomen sont relativement assez velus; les pattes sont assez allongées; l'aspect général rappelle un peu les *Limacodidæ* et les *Cossidæ*. Cependant ce n'est point dans ces deux tribus que la nouvelle espèce nous semble trouver sa place réelle et, en l'inscrivant avec doute comme *Pseudopsyche*, si nous avons pensé que la création d'un genre nouveau s'imposera pour elle, lorsque nous connaîtrons les deux sexes, au moins avons-nous cru indiquer la tribu où elle est mieux placée.

La *Pseudopsyche? Yarka* (*) a la tête, le thorax et l'extrémité anale couverts de poils assez longs et de couleur blond jaunâtre. La base des ailes supérieures est également blond jaunâtre. Le fond des ailes paraît gris, avec le bord un peu plus foncé que le centre. La frange est assez longue et noirâtre.

Le dessous est comme le dessus, mais dépourvu d'écailles sur tout le milieu des ailes.

Les pattes sont brun jaunâtre.

NOCTUIDÆ

Gaurema Grisescens, Obthr. (Pl. V, fig. 65).

Tà-Tsien-Loû (R. P. Déjean).

Voisine de *Florens*, Wlk. et de *Florescens*, Wlk., de l'Inde anglaise; mais beaucoup moins verte, plus grise et plus argentée. Les dessins des ailes supérieures sont analogues à ceux de *Florens*, sauf l'éclaircie extradiscale, gris argenté qui, chez *Grisescens*, décrit un arc, du bord costal au bord interne. Cette éclaircie n'existe pas dans les deux espèces indiennes précitées.

Les poils du thorax sont noirâtres chez *Grisescens* et le dessous des ailes supérieures y est lavé de noirâtre jusqu'au bord terminal.

Hadena Triphænopsis, Obthr. (Pl. III, fig. 39).

Ta-Tsien-Loû (R. P. Déjean).

(*) *Yarka*, en thibétain, signifie : Printemps.

Rappelle par ses ailes inférieures jaune nankin, bordé de noir, la *Triphænopsis Diminuta* Butler (Lep. Het. in the Brit. Mus., VII; pl. CXXVII, fig. 8 et 9).

Par ses ailes supérieures, l'*Hadena Triphænopsis* se rapproche de notre *Marmorosa*; mais le fond en est beaucoup plus noir.

La tache orbiculaire et l'ombre blanchâtre qui y est inférieurement contiguë, ressortent très distinctement.

En dessous, l'*H. Triphænopsis* est jaune nankin, avec les taches orbiculaires noires et le bord terminal largement lavé de noirâtre. Le corps est de la couleur des ailes.

Heliottis Ononis, W. V. (Pl. III, fig. 41).

Tâ-Tsien-Loû.

Nous pensons que le *Melicleptoia Septentrionis*, H. Edw., du fort Calgary, dans le nord-ouest de la Colombie anglaise est une forme de notre *H. Ononis*, qui serait répandu dans l'Europe, l'Asie et le nord de l'Amérique. La forme thibétaine est un peu différente de celle d'Europe par le rétrécissement de la bande submarginale des ailes supérieures, en dessus.

Heliothis Déjeani, Obthr. (Pl. III, fig. 40).

Tâ-Tsien-Loû (R. P. Déjean).

En dessus, ailes supérieures brun clair, légèrement rosé, avec deux bandes transversales, un peu sinueuses, brunes, l'une submarginale, l'autre médiane. On distingue quelques traits extrêmement fins, brunâtres, un peu ondulés, dans l'espace basilaire.

Ailes inférieures, comme chez *Dipsacea*, mais sans l'éclaircie marginale d'un ocracé pâle qu'on remarque chez cette dernière espèce.

En dessous, blanc jaunâtre un peu livide, avec les points médians noirs, relativement très gros sur chaque aile et une bordure noire, commune.

La frange est longue et de la couleur du fond des ailes.

Le corps de la couleur des ailes en dessous; le thorax teinté comme les ailes supérieures en dessus; l'abdomen noirâtre en dessus.

DELTOIDÆ

Herbula Syfanialis, OBTHR. (Pl. IV, fig. 64).

Tâ-Tsien-Loû (R. P. Déjean).

Plus grande et plus obscure que *Cespitalis*; en dessus noirâtre avec une bande assez large jaune nankin sur les inférieures.

En dessous, ailes supérieures noires, avec la base largement teintée de la même couleur chamois pâle qui couvre les inférieures, et deux points blancs très nets, ainsi que deux lignes moniliformes courbes, à peu près parallèles au bord terminal. Le dessous des supérieures rappelle l'*Hercyna Pyrenæalis*.

Botys Rhyparialis, OBTHR. (Pl. II, fig. 26).

Tâ-Tsien-Loû (R. P. Déjean).

Magnifique espèce, de très grande taille et à ailes allongées, imitant par ses couleurs jaune et blanche, ainsi que par ses taches noirâtres, les Phalénites du genre *Rhyparia*.

Corps robuste, jaune; abdomen jaune, annelé de noirâtre, antennes très fines, jaunes.

Ailes supérieures jaune d'or pâle, avec trois taches cellulaires noirâtres, deux bandes transversales, noirâtres, divisées par les nervures, de façon à être punctiformes; la dernière de ces deux bandes, marginale, l'autre submarginale, liée, près du bord costal et près du bord interne, à quelques taches intranervurales noirâtres, faisant comme partie d'une troisième bande transversale qui serait interrompue à son milieu.

Frange des supérieures noirâtre.

Ailes inférieures blanches, bordées de jaune d'or, avec une tache basilaire et une tache cellulaire noirâtres. Les bandes noirâtres submarginales et marginales des supérieures sont répétées de la même façon, c'est-à-dire qu'il y a une troisième bande interrompue à son milieu, et ayant ses deux extrémités, près du bord costal et du bord anal, jointes à la bande submarginale.

Le dessous reproduit le dessus en plus pâle.

EXPLICATION DES PLANCHES

Planche I, numéro 1. NACLIA FLAVIA, Obthr.
— — 2. NACLIA FLAVIA, var. Obthr.
— — 3. NACLIA PERROTI, ♀, Obthr.
— — 4. NACLIA PERROTI, ♂, Obthr.
— — 5. NACLIA LUCIA, Obthr.
— — 6. NACLIA PERPETUA, Obthr.
— — 7. NACLIA BLANDINA, Obthr.
— — 8. NACLIA ANASTASIA, Obthr.
— — 9. NACLIA QUADRIMACULA, Obthr.
— — 10. NACLIA QUADRIMACULA-CONFLUENS, Obthr.
— — 11. NACLIA TRIMACULA, Obthr.
— — 12. NACLIA AGATHA, Obthr.
— — 13. NACLIA AGNES, Obthr.
— — 14. NACLIA LUGENS, Obthr.
— — 15. NACLIA VERONICA, Obthr.
— — 16. NACLIA MAGDALENE, Obthr.
— — 17. NACLIA CAMBOUÉI, ♀, Obthr.
— — 18. NACLIA CAMBOUÉI, ♂, Obthr.

Planche II, numéro 19. STIBOGES NYMPHIDIA, Butler.
— — 20. URAPTERYX KERNARIA, Obthr.
— — 21. ABRAXAS TRACHIARIA, Obthr.
— — 22. RHYPARIA IDARIA, Obthr.
— — 23. ABRAXAS TANDJRINARIA, Obthr.
— — 24. AGALOPE DEJEANI, Obthr.
— — 25. EPHYRA TCHRINARIA, Obthr.
— — 26. BOTYS RHYPARIALIS, Obthr.
— — 27. PIERIS LHAMO, Obthr.
— — 28. ABRAXAS NYMPHIDIARIA, Obthr.

Planche II, numéro 29. Platypteryx Nguldoe, Obthr.
— — 30. Thestor Nesimachus, Obthr.
— — 31. Phacusa Dirbuma, Obthr.

Planche III, numéro 32. Venusia Tchraria, Obthr.
— — 33. Larentia Chimakaleparia, Obthr.
— — 34. Venusia Laria, Obthr.
— — 35. Acidalia Latsaria, Obthr.
— — 36. Venusia Naparia, Obthr.
— — 37. Abraxas Djirouchiaria, Obthr.
— — 38. Melanippe Lugens, Obthr.
— — 39. Hadena Triphænopsis, Obthr.
— — 40. Heliothis Déjeani, Obthr.
— — 41. Heliothis Ononis, W. V.
— — 42. Chrysophanus Standfussi, Grum.
— — 43. Cidaria Tsermosaria, Obthr.
— — 44. Eubolia Lakearia, ♀, Obthr.
— — 45. Psodos Gnophosaria, Obthr.
— — 46. Venusia Kioudjrouaria, Obthr.
— — 47. Cidaria Tsermosaria, Obthr.

Planche IV, numéro 48. Melanippe Kezonmetaria, Obthr.
— — 49. Pseudopsyche? Yarka, Obthr.
— — 50. Somatina Azonaria, Obthr.
— — 51. Trichopleura Déjeani, Obthr.
— — 52. Melanippe Ouanguemetaria, Obthr.
— — 53. Tephrosia Pongaria, Obthr.
— — 54. Cidaria Metaria, Obthr.
— — 55. Notodonta Trachitso, Obthr.
— — 56. Trichopleura Undulosa, Alpheraki.
— — 57. Caustoloma Lozonaria, Obthr.
— — 58. Eubolia Lakearia, ♂, Obthr.
— — 59. Larentia Adjrouaria, Obthr.
— — 60. Acidalia Tchratchraria, Obthr.
— — 61. Herbula Syfanialis, Obthr.
— — 62. Halia Adzearia, Obthr.

Planche V,	numéro	63.	Hemerophila Tchraparia, Obthr.
—	—	64.	Psyra Chiachiaria, Obthr.
—	—	65.	Gaurena Grisescens, Obthr.
—	—	66.	Larentia Tonchignearia, ♀, Obthr.
—	—	67.	Larentia Tonchignearia, ♂, Obthr.
—	—	68.	Syfania Déjeani, Obthr.
—	—	69.	Anticlea Pendearia, Obthr.
—	—	70.	Trichopleura Penguionaria, Obthr.
—	—	71.	Scotosia Seseraria, Obthr.
—	—	72.	Siona Naseraria, Obthr.
—	—	73.	Rhyparia Rongaria, Obthr.
—	—	74.	Syfania Giraudeaui, Obthr.
—	—	75.	Tephrósia Tidzinaria, Obthr.
—	—	76.	Trichopleura Moniliferaria, Obthr.
—	—	77.	Larentia Neurrouaria, Obthr.
—	—	78.	Tephrosia Tamaria, Obthr.

Planche VI,	numéro	79 et 79 *a*.	Callerebia Carola, Obthr.
—	—	80 et 80 *a*.	Callerebia Bocki, Obthr.
—	—	81.	Calinaga Lhatso, Obthr.
—	—	82.	Limenitis Albomaculata, ♀, Obthr.
—	—	83.	Limenitis Cleophas, Obthr.

Imp. Oberthür, Rennes.

A. Dallongeville, lithosculps.

Imp. Oberthür, Rennes. A. Dellangeville, lith. sculps.

Imp. Oberthür, Rennes. A. Dallongeville, lith.

Imp. Oberthür, Rennes.
A. Dellongeville, lithosculps.

Imp. Oberthür, Rennes. A. Dellangeville, lithoscul.

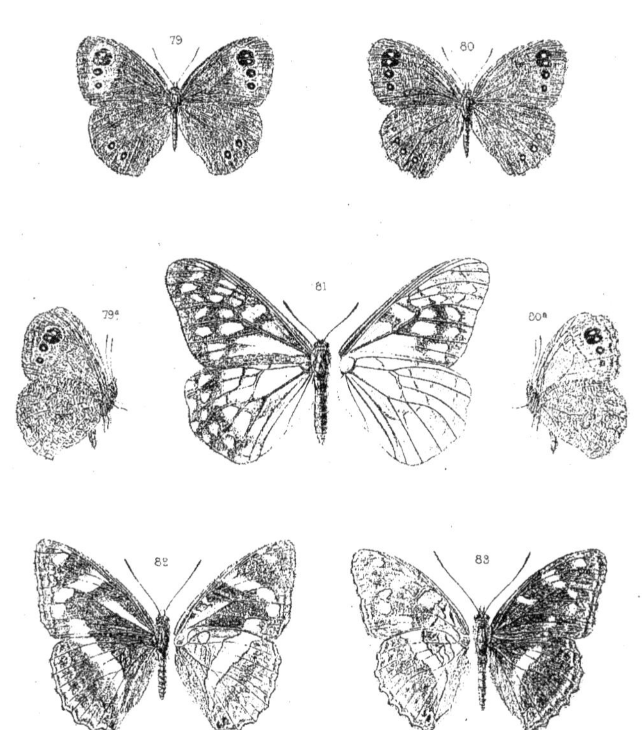

Imp. Oberthür, Rennes
A. Dallongeville, lith.

ÉTUDES D'ENTOMOLOGIE

ÉTUDES D'ENTOMOLOGIE

FAUNES ENTOMOLOGIQUES

DESCRIPTIONS D'INSECTES

NOUVEAUX OU PEU CONNUS

PAR CHARLES OBERTHÜR

RENNES

IMPRIMERIE OBERTHÜR

Août 1894

AVANT-PROPOS

Les Lépidoptères dont la figure est publiée dans la XIXe livraison des *Études d'Entomologie* proviennent en grande partie des chasses que M. William Doherty, de Cincinnati, fit pendant ces dernières années en Asie et en Océanie, avec une intelligence et une activité qui n'ont jamais été surpassées. Outre que M. W. Doherty est un entomologiste de grande valeur, parfaitement versé dans la connaissance de tous les ordres d'insectes, il possède un esprit d'administration et de méthode qui lui permet d'obtenir des récoltes d'une grande importance au moyen de chasseurs indigènes bien dressés et très habilement dirigés. L'avancement dans la connaissance de la faune des pays tropicaux ne peut être rapidement obtenu qu'avec des collaborateurs adroits, vigoureux, aptes à braver les fatigues et les dangers d'un climat meurtrier. Ce qu'un chasseur européen peut recueillir même avec les plus énergiques et les plus persévérants efforts est relativement de peu d'importance; au contraire, les résultats sont souvent considérables lorsque ce chasseur dispose de quelques-uns de ces natifs chinois, japonais, hindous ou malais, aux jambes agiles, à la vue perçante, capables de devenir rapidement adroits et expérimentés.

En l'état actuel des sciences naturelles, il faut baser toute étude sur une quantité considérable de documents. Le temps n'est plus où les entomologistes croyaient pouvoir se contenter de peu d'exemplaires et même imposaient, pour ainsi dire, par avance, une limite au nombre d'individus que, pour une espèce, ils prétendaient conserver.

Nos maîtres d'autrefois, les Boisduval et les Guenée, entendaient tout autrement les choses que nous n'avons appris à les envisager depuis. Avec trois ou quatre spécimens des vulgaires *Papilio Sarpedon* ou *Pammon*, par exemple, ils se supposaient suffisamment édifiés sur leur histoire. Maintenant, mieux instruits sur l'intérêt des variations géographiques, nous n'ignorons pas que nos études doivent porter sur des séries nombreuses d'exemplaires recueillis non seulement à diverses époques, mais encore dans beaucoup de provenances.

Grâce à cette méthode, les lois de variations des espèces ont été constatées; les idées philosophiques sont devenues plus nettes et sans doute plus exactes. Il revient aux voyageurs naturalistes une grande part de mérite dans les progrès accomplis, et M. W. Doherty restera toujours parmi les plus appréciés.

Nous associons donc son nom à celui des Missionnaires catholiques qui, tout en poursuivant un autre but, de la nature la plus haute et la plus généreuse, veulent bien pour le progrès de la zoologie, tant par eux-mêmes que par des indigènes formés grâce à leurs soins, récolter, dans les pays qu'ils évangélisent, des objets d'histoire naturelle.

M. le R. P. Déjean, de Tâ-Tsien-Loû, nous a adressé plusieurs milliers de Lépidoptères récoltés l'année dernière en diverses parties de la Chine occidentale et du Thibet. Nous avons fait figurer quelques-unes des nouveautés contenues dans cette collection.

D'autre part, M. l'abbé Mège, curé de Villeneuve-de-Blaye, dont le nom a souvent paru au cours de ces *Études*, a bien voulu nous faire largement participer aux envois que lui a adressés de Céram M. le R. P. Le Coq d'Armandville.

L'île de Céram est, au point de vue entomologique, la plus intéressante peut-être de toutes les Moluques. En effet, les Hollandais, il y aura bientôt cent cinquante ans, formaient des collections d'histoire naturelle à Amboine, îlôt satellite de la grande Céram et présentant la même faune. Linné et Cramer ont connu beaucoup d'espèces de Lépidoptères d'Amboine et toutes n'ont point été encore retrouvées. Les documents de M. le R. P. Le Coq d'Armandville permettent de constater l'immutabilité de la forme des Lépidoptères depuis un siècle et demi et contribuent à démontrer l'illusion des opinions transformistes.

Ce n'est donc pas tant pour leur contingent de nouveautés, quoiqu'il s'en rencontre principalement dans les nocturnes si nombreux et d'ailleurs si bien cachés, mais, au contraire, par ce regain d'espèces très anciennement connues, que les envois de M. le R. P. Le Coq d'Armandville sont si précieux. Avant lui, M. Ribbe avait séjourné à Céram quelques mois; mais le produit de ses récoltes dispersé surtout dans les collections d'Allemagne n'a point été l'objet d'études du genre de celles qui nous préoccupent.

Il demeure donc avéré — et les papillons de Céram en font foi — que plus de cent cinquante générations successives, en admettant qu'il n'y en ait qu'une par année, ce qui est certainement un minimum bien fréquemment dépassé, n'ont modifié en rien la nature et la forme d'aucune espèce. Les figures des vieux ouvrages de Clerck et de Cramer conviennent toujours exactement aux Lépidoptères que l'île de Céram nourrit encore aujourd'hui. Nous espérons que les recherches de M. le R. P. Le Coq d'Armandville se continueront et que peu à peu elles nous feront à nouveau connaître la totalité de ce qui est, pour Amboine et Céram, comme l'archéologie de notre science.

Aux papillons du continent asiatique et de l'archipel océanien, nous avons ajouté quelques espèces algériennes et même européennes, celles-ci pour mieux faire connaître celles-là. La faune de l'Algérie fut notre première œuvre. Elle reste l'objet plus constant de notre attention.

Il convient d'enregistrer les découvertes qui s'y font au fur et à mesure. C'est à M. le docteur H. Vallantin et à M. Olivier, tous deux résidant à Bône, que nous sommes redevables de Lépidoptères algériens nouveaux ou peu connus et nous leur offrons l'expression de notre cordiale gratitude.

Nous n'avons rien négligé pour que la reproduction lithographique de nos Lépidoptères soit d'une exactitude suffisante, et il nous semble que l'expérience nous permet de réaliser toujours dans ce sens quelques progrès. De plus en plus convaincus d'ailleurs que les descriptions sans figures sont plutôt nuisibles qu'avantageuses au progrès de la Science, nous avons dédaigné de gagner de vitesse, par l'impression de diagnoses toujours inintelligibles, quoi qu'on fasse, tel ou tel écrivain à qui un habile dessinateur ne donne pas immédiatement son indispensable concours, et nous avons cru préférable de produire au prix de quelques mois d'attente une œuvre qui, pour ce dont elle traite, est complète et définitive.

Rennes, 6 août 1894.

Charles OBERTHÜR.

I

RHOPALOCERA

PAPILIONIDÆ

Ornithoptera Goliath, OBTHR. (Pl. IV, fig. 19).

Nous avons mentionné dans la XIIe livraison des *Études d'Entomologie*, pages 1 et 2, sous le nom de *Goliath* et comme aberration probable d'*Arruana* un exemplaire ♀ d'*Ornithoptera* faisant partie d'une collection de Lépidoptères formée en Nouvelle-Guinée et îles voisines, par des chasseurs malais, et expédiée par M. Léon Laglaize, à feu M. A. Depuiset.

Avec cet *Ornithoptera Goliath* se trouvait un spécimen ♀ de *O. Tithonus*, de Haan. M. Depuiset nous indiqua l'île de Waigiou, comme localité de ces Ornithoptères. Malheureusement, nous ne pouvons considérer cette indication comme absolument authentique; car, depuis les chasseurs malais jusqu'à nous, il y a eu plusieurs intermédiaires qui n'ont sans doute pas attaché une attention bien scrupuleuse à la mise à part des papillons provenant des différentes localités. Quoi qu'il en soit, tout en regrettant vivement l'absence de renseignements précis dont nous n'ignorons pas l'importance, nous croyons pouvoir affirmer que l'*Ornithoptera Goliath* provient de la partie septentrionale de la Nouvelle-Guinée, c'est-à-dire, de la région comprise entre Waigiou et Doreï, que M. Laglaize a explorée par lui-même et par les Malais à son service.

L'*Ornithoptera Goliath* ressemble beaucoup à la ♀ de l'espèce insigne trouvée dans la Nouvelle-Guinée allemande que M. Pagenstecher a appelée *Schœnbergi* et que M. Staudinger a nommé *Paradisea*. Instruit par les documents dont notre collection d'Ornithoptères s'est augmentée depuis la publication de la XIIe livraison des *Études d'Entomologie*, nous ne considérons plus *Goliath* comme une aberration d'*Arruana*, mais bien comme la ♀ de

Schœnbergi-Paradisea, ou peut-être d'une autre espèce dont le ♂ resterait inconnu. Il convient d'observer ici que chez certains *Ornithoptera*, les ♂ paraissent beaucoup plus rares que les ♀, contrairement à ce qui existe dans la plupart des Lépidoptères.

Nous possédons un ♂ et deux ♀ *Paradisea* que nous a cédés M. Staudinger, et une ♀ *Goliath*. C'est avec ces documents que nous écrivons.

Goliath est beaucoup plus grande que *Paradisea* ♀; mais, comme ces dernières, elle a l'œil souligné de poils blancs, caractère que nous signalions (*Étud. d'Ent.*, XIIe liv., page 2) et dont nous faisions ressortir l'aspect étrange et spécial.

La forme de la tache gris jaunâtre de l'aile inférieure est semblable chez *Goliath* et *Paradisea* ♀; seules les tâches gris jaunâtre de l'aile supérieure diffèrent un peu; la tache cellulaire est plus régulièrement tripalmée et les taches subapicales sont arrêtées plus court dans *Goliath* que dans *Paradisea*; la troisième tache, notamment, est divisée en deux parties chez *Goliath*. Il est vrai qu'avec une confluence très probable dans d'autres exemplaires, la tache en question serait analogue à celle de *Paradisea*.

En résumé, il n'y a que la taille et la forme tripalmée de la tache cellulaire gris jaunâtre de l'aile supérieure qui différencient *Goliath* de *Paradisea*.

Mais l'on conçoit que toute affirmation, en l'état actuel de la science, serait imprudente, et nous nous bornons présentement à considérer *Goliath* comme la ♀ probable d'une forme agrandie de *Paradisea*, en attendant d'être définitivement éclairés par des documents complémentaires.

Papilio Maremba, Doherty (Pl. III, fig. 12).

Ile de Sumba.

M. William Doherty, de Cincinnati, a découvert, à l'île de Sumba, un certain nombre d'espèces nouvelles de Lépidoptères qu'il a décrites dans le *Journal of the Asiatic Society of Bengal* (vol. LX, part. II, n° 2, 1891). Nous avons reçu les papillons qui ont servi de type aux descriptions de M. Doherty, et nous complétons l'histoire du *Papilio Maremba*, en publiant la figure d'un exemplaire ♂. Pour la description, nous renvoyons à celle de M. Doherty précitée (pages 192 et 193). Toutefois, nous devons faire remarquer que le coloriage ne peut rendre le ton vert doré du dessus des ailes du *Papilio Maremba*, d'autant plus que, selon l'incidence de la lumière, le vert change d'aspect; il est bleuâtre, vu de côté, et un peu jaunâtre, vu de face.

Le *Papilio Maremba* est une des plus jolies espèces dans un groupe que le Créateur a particulièrement décoré. La ♀ diffère du ♂ par l'absence de la partie soyeuse, odorante sur les ailes supérieures, en dessus, et le rétrécissement de la tache verte des ailes inférieures.

Parnassius Delphius, EVERSM. (Pl. VIII, fig. 71, 71 *a*).

Environs de Tâ-Tsien-Loû.

Les chasseurs thibétains de M. le R. P. Déjean ont pris, pendant l'été de 1893, une seule paire d'une espèce de *Parnassius* que nous rapportons à *Delphius* et qui diffère de la forme *Delphius* de la Sibérie occidentale par une taille plus grande et le ton général des ailes encore plus gris. La poche cornée de la ♀ (fig. 71 *a*) paraît avoir l'extrémité moins bilobée et être taillée plus droit que chez les ♀ *Delphius* de Sibérie. Cependant notre collection renferme une ♀ d'Osch, assez semblable sous ce rapport à la ♀ du Thibet. La figure 71 de la planche VIII de cet ouvrage représente le ♂.

L'intérêt de cette figure résulte surtout de la comparaison avec le n° 72 de la même planche VIII.

Parnassius Delphius-Elwesi, LEECH (Pl. VIII, fig. 72).

Vallée du Tong-Hô (mai 1893).

M. Leech, dans son ouvrage *Butterflies from China*, etc., page 504, et pl. XXXIII, fig. 4, fait connaître un *Parnassius* qu'il rapporte à *Delphius*, comme variété *Elwesi*, d'après un seul spécimen récolté sur un haut plateau, au nord de Tâ-Tsien-Loû.

Nous avons reçu deux exemplaires ♂ que nous identifions à la même variété, malgré certaines différences et notamment l'absence du trait rouge, au delà de la cellule, en dessus comme en dessous. La présence du vrai *Delphius* (fig. 71) et du *Delphius* var. *Elwesi* (fig. 72) dans des localités certainement très rapprochées, nous paraît un fait très intéressant. Nous ne connaissons pas la ♀ de *Delphius-Elwesi*. La forme de sa poche cornée nous apprendrait s'il y a réellement lieu de considérer *Elwesi* comme espèce distincte de *Delphius*.

On remarquera la particularité du *Delphius-Elwesi* que nous avons fait figurer dans cet ouvrage; il n'a pas les deux côtés symétriques et, sur l'aile inférieure droite, la tache médiane extracellulaire est absolument dépourvue de rouge et entièrement noire.

Delphius a la frange des ailes entièrement unicolore, c'est-à-dire d'un blanc jaunâtre; chez *Delphius-Elwesi*, la frange est entrecoupée de noir et de blanc jaunâtre aux ailes supérieures. Les pattes chez *Delphius-Elwesi* ont les deux derniers articles brun rougeâtre et le premier noir; chez *Delphius*, elles sont entièrement grises. Dans les deux formes, le dessous des ailes est très luisant, jaunâtre chez *Delphius-Elwesi*, gris chez *Delphius* et, en outre, très duveteux, surtout dans le ♂. Les deux taches noires cellulaires aux ailes supérieures se distinguent en noir vif et mat sur le fond luisant et comme huileux des ailes de *Delphius-Elwesi*. Chez *Delphius*, c'est la pupillation blanche des taches rougeâtres des ailes inférieures qui se distingue en mat.

Les antennes sont noires, aussi bien dans *Delphius* que dans *Delphius-Elwesi*.

Parnassius Thibetanus, Leech (Pl. VIII; ♂, fig. 66; ♀, fig. 67, 67 *a*).

Tchang-Kou (Chasseurs chinois de M. le R. P. Déjean; été 1892).

M. Leech a figuré dans son ouvrage *Butterflies from China*, etc., sous le nom de *Jacquemonti-Thibetanus*, le seul sexe d'un *Parnassius* dont le ♂ a les ailes d'un aspect généralement très obscur, tandis que la ♀ est plus claire.

D'ailleurs *Thibetanus* est très variable, et la répartition des parties claires et foncées sur la surface des quatre ailes est assez différente pour que le faciès des *Parnassius Thibetanus* soit très individuel et que certains exemplaires paraissent tout à fait dissemblables de certains autres. Dans des cas semblant assez rares, la pupillation blanche sur deux des taches carminées des ailes inférieures et la pupillation rouge sur trois des taches noires des supérieures peut disparaître; mais, dans la plupart des spécimens, cette pupillation persiste. Certaines ♀ ont même sur les ailes supérieures la pupillation rouge ordinaire de trois taches noires centralement pupillée elle-même de blanc. En outre, le fond des ailes est plus ou moins blanc ou jaunâtre.

A notre connaissance, le *P. Thibetanus* est commun à Tchang-Kou, d'où nous en avons reçu plus de cent échantillons; malheureusement, les exemplaires purs sont très peu nombreux. Le *P. Thibetanus* n'a pas été récolté par les chasseurs indigènes en 1893.

Nous avons fait figurer la poche cornée de la ♀ (67 *a*). Elle paraît bien identique à celle dont M. Leech a publié la chromolithographie (Pl. XXXIII, 3).

PIERIDÆ

Pieris (Huphina) Julia, DOHERTY (Pl. III; ♂, fig. 11; ♀, fig. 17).

Ile de Sumba.

Décrite par M. W. Doherty dans le *Journal of the Asiatic Society of Bengal*, vol. LX, part. II, n° 2, 1891, page 187, et figurée sur la pl. II; ♂, fig. 12, du même ouvrage.

Nous avons cru devoir faire dessiner la ♀ et surtout publier la figure *coloriée* des deux sexes de cette élégante Piéride, dont les ailes, en dessous, sont ornées d'une coloration d'un très agréable effet.

Julia est une transition très intéressante du groupe des espèces *Olga*, Esch.; *Emma*, Voll.; *Aspasia*, Stoll.; *Læta*, Hew., etc., à celles du groupe *Pactolicus*, Butler; *Eperia*, Bdv.; *Amasene*, Cram., etc.

Pieris (Huphina) Vaso, DOHERTY (Pl. III; ♂, fig. 18).

Sambawa.

M. Doherty décrit (*loco cit. supra*, p. 188), comme forme locale de *Corva* Wall. (qui est elle-même la race javanaise de *Amasene*, Cramer), une *Pieris* dont le ♂ a l'aspect des ♀ des formes chinoise et indiennes d'*Amasene*. Nous publions la figure exécutée d'après le *specimen typicum*. Il se pourrait que, dans des exemplaires plus frais, toutes les parties brunes, tant en dessus qu'en dessous, fussent de couleur plus foncée et plus noirâtre.

Pieris Euryxanthe, Honrath (Pl. II; ♂, fig. 9; ♀, fig. 7).

Wandesi; baie de Geelwink (Nouvelle-Guinée septentrionale); W. Doherty (1892).

M. Staudinger nous a offert sous le nom d'*Euryxanthe*, Honrath, cette même *Pieris*, provenant de la Nouvelle-Guinée allemande. Nous ignorons où la description de la *Pieris Euryxanthe* a été publiée. Il n'en est pas fait mention, croyons-nous, dans une revision des Piérides indo-océaniennes écrite par M. von Mitis et imprimée dans le premier cahier du sixième volume de *Deutsche entomologische Zeitschrift* (Iris zu Dresden), juillet 1893.

Du reste, nous ne croyons pas que cette belle *Pieris* ait été figurée jusqu'ici.

La *Pieris Euryxanthe* est voisine d'*Abnormis*, Wallace. Elle en diffère surtout par les ailes inférieures qui, chez *Euryxanthe*, sont jaunes bordées de noir, avec quelques atomes vermillon le long de la bordure noire, au lieu d'être entièrement noires avec seulement la base sablée de jaune, comme dans *Abnormis*.

Il y a chez les deux espèces, à l'aile supérieure en dessous, le même trait cellulaire rouge, semblant une goutte de sang.

Les ailes en dessus sont blanches avec le bord terminal bordé de noir; mais la bordure noire d'*Euryxanthe* est plus profondément pénétrée par le blanc que celle d'*Abnormis*.

La ♀ d'*Euryxanthe* diffère du ♂ par la bordure noire plus large, surtout aux ailes inférieures.

Pieris Dohertyi, Obthr. (Pl, II, fig. 2).

Ansus, dans l'île Jobi; baie de Geelwink (Nouvelle-Guinée septentrionale); W. Doherty, 1892.

Nous ne connaissons que le ♂, dont nous avons reçu cinq exemplaires. Nous dédions à l'habile chasseur qui l'a découverte cette belle Piéride néo-guinéenne.

Les ailes sont, en dessus, d'un blanc opaque et un peu laiteux, avec le bord costal et l'apex très légèrement noirâtres. Les ailes supérieures, en dessous, sont également blanches, avec la côte plus noircie qu'en dessus; l'apex est sablé d'atomes noirâtres sur lesquels se détachent quatre macules intranervurales jaunes. Les nervures dans l'espace costal, apical et terminal sont noires.

Les ailes inférieures sont d'un brun noirâtre, avec la base sablée de jaune et de gris, un trait rouge très vif souscostal et des atomes gris répandus, assez épais tout le long du bord terminal et plus légèrement çà et là, sur le disque.

Le corps est couvert de poils jaunes en dessous, l'abdomen est blanc jaunâtre, les pattes sont noires sur un côté et blanches sur l'autre, les antennes sont noires.

Pieris Gabia, Bdv. (Pl. II, fig. 5).

Boisduval, dans le *Species général*, I, p. 478, fait connaître, le premier, cette Piéride, d'après un ♂ pris à Offak. Ce papillon existe encore dans notre collection. Snellen van Vollenhoven, dans sa monographie des Piérides (*Essai d'une faune entomol. de l'archipel indo-néerlandais*), signale (p. 38), la même Piéride et décrit la ♀. Mais l'espèce reste encore à figurer.

Nous comblons cette lacune d'après un ♂ pris à Wandesi (Nouvelle-Guinée septentrionale), par M. W. Doherty, en 1892.

Il diffère seulement du *specimen typicum Boisduvalianum* par un lavis orangé peu étendu au-dessus de la bordure terminale noirâtre des ailes inférieures en dessous et par la teinte jaunâtre, au lieu de blanchâtre, des petites lunules « étroites, obsolètes, » intranervurales, qui se détachent sur la bordure terminale.

Pieris Jobiana, Obthr. (Pl. II, fig. 6).

Ansus, dans l'île de Jobi (Nouvelle-Guinée septentrionale).

Du groupe de *Mysis*, Donov.; *Cruentata*, Butler; *Ennia*, Wallace; *Enniana*, Obthr.; *Dice*, Vollenh.; *Gabia*, Bdv.; mais bien distincte de toutes ces espèces.

Taille de *Cruentata* : ailes en dessus presque semblables, à part la transparence du bord terminal des inférieures.

Ailes supérieures en dessous comme dans *Ennia* ♂, ailes inférieures blanches, largement lavées de jaune citron depuis la base, avec une bordure terminale noire, large à partir du bord anal et s'arrêtant un peu avant d'atteindre le bord costal, en une sorte de pointe. Dans cette bordure noire, il y a quatre taches orangées, en forme de chevron.

Les antennes sont noires.

Nous ne connaissons que quatre exemplaires, tous ♂. L'honneur de la découverte de la *Pieris Jobiana* revient à M. W. Doherty.

Colias Nebulosa, Obthr. (Pl. VIII; ♂, fig. 65).

Tchang-Kou (été 1892).

Nous avons reçu un seul ♂, il est très frais. La taille est celle de *Cocandica*, Ersch. et *Montium*, Obthr., espèces près desquelles il convient de placer *Nebulosa*.

Les ailes, en dessus, sont d'un gris un peu verdâtre. La base des quatre ailes est couverte d'un poil blanchâtre, assez long; les nervures, aux ailes supérieures, se détachent en traits un peu plus foncés sur le fond ; la tache cellulaire est petite et assez nette; une ombre extracellulaire descend parallèlement au bord terminal depuis le bord costal jusqu'au bord interne. Au delà de cette ombre, entre elle et le bord terminal, il y a une série régulière de traits blanc verdâtre, intranervuraux, aboutissant à la frange.

Les ailes inférieures ont le disque entièrement noirâtre, saupoudré d'atomes gris verdâtre, un peu comme chez les ♀ de *Montium*, ou certains ♂ de *Cocandica;* la tache cellulaire ordinaire est nette, d'un blanc verdâtre, et le bord terminal est marqué de taches intranervurales gris verdâtre, arrondies, que traversent, sans trop se confondre avec elles, des traits blanc verdâtre formant la continuation de ceux des ailes supérieures. La côte des supérieures est rose; la frange des quatre ailes blanc verdâtre; les antennes roses avec la massue brune; les poils de la tête et du corps gris en dessus comme en dessous et les pattes roses.

En dessous, les ailes supérieures sont grises avec l'apex lavé de jaunâtre; la tache cellulaire est assez nettement cerclée de gris; les ailes inférieures ont le disque d'un vert un peu rembruni par un semis épais d'atomes gris foncé; les nervures saillantes et finement écrites en vert, la tache cellulaire moins nette qu'en dessus et seulement indiquée par une éclaircie, enfin, le bord terminal assez largement lavé de verdâtre, moins obscurci par les atomes gris et par conséquent plus clair que le disque.

Il est présumable que la *Colias Nebulosa* est une race mélanienne de la *Colias Sifanica*, Groum.-Gr. (*in litt.*), découverte par ce savant et intrépide voyageur, à Amdo. Nous possédons un seul ♂ de *Sifanica*, dû à la munificence de M. Groum. Nous n'avons donc pas de documents suffisants pour apprécier la question de savoir si *Sifanica* est une espèce à part ou seulement une race géographique tendant à l'albinisme.

Le *Parnassius Imperator* de Tâ-Tsien-Loû est mélanien par rapport à celui que M. Groum a trouvé à Amdo, et qu'il a appelé *Musgeta*. *P. Orleans* de Tâ-Tsien-Loû est également plus obscur que *Orleans-Groumi* d'Amdo; on observe le même fait pour *Szechenyi*. Il est possible que plusieurs espèces de Lépidoptères tendent à un albinisme relatif dans le pays d'Amdo, et, au contraire, soient mélanisants vers Tâ-Tsien-Loû; mais cette observation n'a pas un caractère général, car *Colias Montium* est absolument semblable à Tâ-Tsien-Loû et à Amdo.

LYCÆNIDÆ

Hypochrysops Drucei, Obthr. (Pl. VI, fig. 47).

Amberbaki (Nouvelle-Guinée septentrionale), Léon Laglaize; Wandési, W. Doherty (onze ♂, une ♀).

Le genre *Hypochrysops* est un des plus beaux dans tout l'ordre des Lépidoptères. Il est composé d'un grand nombre d'espèces, toutes magnifiquement décorées des plus brillantes couleurs et richement rehaussées d'or. Les *Hypochrysops* se rencontrent aux Moluques, en Papouasie et en Australie.

M. Hamilton H. Druce a publié dans les *Transactions of the entomological Society of London* (1891, pages 179 à 196), un excellent travail monographique sur les *Hypochrysops*. De bonnes planches permettent de reconnaître exactement un certain nombre d'espèces. Celles-ci sont souvent voisines les unes des autres et, sans le secours de dessins très fidèles, il serait absolument impossible de les identifier; les taches, qui ornent les ailes inférieures en dessous, étant de forme et de dispositions particulièrement compliquées et absolument inintelligibles sans le secours d'une bonne figure.

Nous dédions à M. Druce, comme témoignage de notre estime, une nouvelle espèce non signalée dans sa monographie et faisant partie du premier groupe qui comprend jusqu'ici *Polycletus*, Linn. dont nous possédons treize ♂ et six ♀, la plupart recueillis à Céram par M. Le Coq d'Armandville; *Hypocletus*, Obthr.-Druce (T. E. S. 1891, Pl. X, fig. 1), de la Nouvelle-Guinée septentrionale (Andai, Salvatti, Waigiou), dont nous avons vingt ♂ et huit ♀ provenant des chasses de M. Bruijn; *Epicletus*, Felder, que nous ne saurions distinguer de *Rex*, Bdv. (dont le type, non figuré, n'existe du reste plus; à notre connaissance du moins), et dont nous avons reçu quinze ♂ et six ♀ pris à Wandési, par M. Doherty, et dans la Nouvelle-Guinée septentrionale par M. Laglaize; enfin *Rovena*, Druce (T. E. S. 1891, page 184), malheureusement non encore figurée, par conséquent identifiable par la seule indication de sa provenance et dont nous avons obtenu de Queensland trois ♂ et une ♀.

A ces quatre espèces s'ajoutera *Drucei*, qui, par sa ♀, se relie à *Architas*, Druce (T. E. S. 1891, Pl. XI, fig. 2 et 3) des îles Salomon, dont notre collection ne renferme que deux ♀. Faute de connaître le ♂ d'*Architas*, il nous paraît difficile de lui assigner sa place exacte dans le genre; nous inclinerions cependant à rapprocher *Architas* du premier groupe, contrairement à l'opinion de M. Druce, dans sa monographie.

Drucei est plus petit que *Polycletus*, *Hypocletus*, *Epicletus* et *Rovena*; le ♂ est, en dessus, d'un bleu foncé, un peu analogue à celui de notre *Thecla Quercus*, quoique plus violet et plus brillant. La ♀, au lieu d'avoir une tache blanche aux ailes supérieures, comme dans les quatre autres espèces précitées, est comme *Architas* ♀, c'est-à-dire brune avec une tache bleu brillant sur le disque des ailes supérieures. Les inférieures ont également la partie basilaire et médiane couverte d'un épais semis d'atomes bleu brillant.

Le dessous des deux sexes est semblable, brun, semé de taches rouge grenat liturées d'or vert du plus brillant effet. La disposition de ces taches est la même que chez *Epicletus*; mais elles sont plus serrées les unes contre les autres, surtout aux ailes inférieures, dans *Drucei*.

Hypochrysops Felderi, Obthr. (Pl. VI, fig. 46).

Ansus, dans l'île de Jobi (Nouvelle-Guinée septentrionale); W. Doherty; 1892, un ♂.

Voisine d'*Arronica*, Felder, que M. Doherty a également rencontrée à l'île de Jobi.

Diffère d'*Arronica* par sa taille plus grande et par le dessus de ses ailes d'un bleu violet beaucoup plus foncé, avec l'apex non pas largement bordé de noir comme chez *Arronica*, mais simplement liséré de noir mat, tout le long du bord terminal et à l'angle apical où le liséré devient un peu plus épais.

En dessous, la disposition des taches et dessins est à peu près la même chez *Arronica* et *Felderi*. Mais, dans *Felderi*, les dessins rouge brique sont beaucoup plus épais et le fond des ailes est plus obscur, brun aux supérieures, rosé aux inférieures.

Notre collection contient deux ♂ et deux ♀ d'*Arronica*, Felder. Il nous semble que *Arronica* et *Felderi* forment un second groupe spécial dans le genre *Hypochrysops*.

Après lui, viendraient les plus belles espèces du genre formant le troisième groupe, *Anacletus*, Felder, de Céram (Le Coq d'Armandville); *Scintillans*, Butler, de Nouvelle-Bretagne, récemment trouvée par M. C. Ribbe à Mioko; *Eucletus*, Felder, de Nouvelle-Guinée (Sorong; île de Ron; Wandési; Andai; Aru); *Zeuxis*, Stgr., d'Ansus, en l'île de Jobi; *Protogenes*, Felder, d'Ansus; *Ignita*, Leach, d'Australie, etc.

Hypochrysops Ribbei, Rœber (Pl. II, fig. 8).

Wandési (Nouvelle-Guinée septentrionale), W. Doherty.

Magnifique espèce non signalée dans la Monographie de M. Druce; figurée, mais sans coloriage, dans la publication *Iris* de Dresde (*Correspondenz-Blatt des entomol. Vereins : Iris*, n° 3, mars 1886, pl. IV, fig. 2).

M. Doherty nous a envoyé deux ♂ et une ♀. La ♀ diffère du ♂ par une taille plus grande et la forme des ailes plus arrondie.

L'*Hypochrysops Ribbei* fait partie du quatrième et dernier groupe du genre, avec *Theon*, Felder (Ansus, île de Jobi), les deux espèces décrites plus loin et quelques autres paraissant très belles, mais que nous ne connaissons que grâce aux figures publiées par M. Druce, telles que : *Herdonius*, Hew.; *Hippuris*, Hew.

Hypochrysops Boisduvali, Obthr. (Pl. VI, fig. 49).

Décrite d'après une ♀ de l'ancienne collection Boisduval, mais sans désignation exacte de patrie. L'étiquette de Boisduval porte *Danis*, Cramer; Nouvelle-Guinée, Amboine!

En dessus, les ailes sont brun noirâtre, frangées finement de blanc entrecoupé de noir, avec une grande tache blanc jaunâtre, occupant toute la partie antérieure des inférieures et une autre de même couleur sur les supérieures, occupant l'espace compris entre le bord interne et la nervure médiane; quelques atomes bleu brillant sont répandus dans la cellule des supérieures et vers la base des inférieures; le bord costal des supérieures, près de la base, est brun clair et non brun noirâtre, comme l'entourage des ailes.

Le dessous reproduit à peu près la disposition du dessus, pour les parties blanc jaunâtre et noirâtre. Cependant, la base des inférieures est d'un noir vif surmonté d'un trait costal bleu vert très brillant. Les ailes supérieures sont ornées d'un magnifique semis d'atomes bleu vert, dont le brillant est intraduisible par le pinceau, ressortant sur le fond noir depuis la base, le long du bord costal, puis décrivant une courbe dans l'espace subapical et descendant un peu le long du bord terminal.

Les ailes ont une liture subterminale du même vert brillant, descendant du bord apical des supérieures, au bord anal des inférieures. Enfin, les inférieures sont décorées au milieu de la tache noire, d'une rangée de six taches confluentes, vert brillant, très finement lisérées de jaunâtre et centralement pupillées de noir.

Danis, Cramer (LXX, E, F) présente, assurément, une analogie de dessin avec notre *Hypochrysops Boisduvali*, quoique différant par d'importants détails (notamment la liture subterminale commune) que Boisduval a considérés, sans doute, comme de nulle importance. Mais *Danis*, Cramer, n'est pas à nos yeux un *Hypochrysops*, c'est un *Thysonotis*, genre dont M. Druce a publié également une très bonne monographie dans les *Proceed. of the Zool. Soc.* 1893.

Hypochrysops Dohertyi, Obthr. (Pl. VI, fig. 48).

Ansus, dans l'île de Jobi (Nouvelle-Guinée septentrionale), W. Doherty; 1892 (deux ♀).

Magnifique espèce dédiée à l'habile chasseur qui l'a découverte et qui a enrichi la science de si précieux documents sur la faune entomologique indo-océanienne.

Voisine de *Boisduvali* et de *Theon*. D'un brun noir en dessus, avec une grande éclaircie blanche s'étendant depuis la nervure médiane des supérieures, jusqu'au bord anal des inférieures. Des traits sagittés, formés par un semis serré d'atomes bleu doré, disposés un peu comme dans *Thysonotis Karpaia* ♀, Druce (P. Z. S., 1893, XLV, 3, 4), brillent sur le bord costal des supérieures et tout autour, mais surtout au-dessus de la tache blanche commune.

Pour les dessous, les ailes supérieures diffèrent peu de celles de *Theon*; seulement la partie blanche n'est pas teintée de jaune un peu nankin, comme chez *Theon*. Les ailes inférieures diffèrent davantage de celles de *Theon*. La tache noire basilaire n'est pas seulement surmontée d'un trait bleu vert très brillant, comme chez *Theon*, mais bien complètement entourée. La bande blanche transverse est plus large dans *Dohertyi*, et la tache noire diffère de celle de *Theon*, en ce qu'elle est surmontée chez *Dohertyi* d'un trait bleu vert brillant qui la sépare de la bande blanche et qu'ensuite, outre la liture terminale, il y a dans *Dohertyi* une seule tache brillante, formant une sorte d'ovale très allongé, sans qu'un trait noir divise cette tache, ni que des atomes verts s'étendent tout le long du bord anal, comme cela se voit chez *Theon*.

Le pinceau ne peut rendre la magnificence de la décoration d'un bleu passant au vert ou même au violet et brillant d'un éclat incomparable. On est réduit à employer des couleurs dont le rôle indique seulement l'emplacement, la forme et la répartition de ces somptueux ornements.

Deudoryx Dohertyi, OBTHR. (Pl. III, fig. 10).

Andai (Nouvelle-Guinée septentrionale); Doherty, 1892.

Robuste et grande espèce, d'un beau bleu brillant en dessus, avec la côte et la moitié des ailes supérieures, vers l'apex et le bord terminal, noir mat. Les ailes inférieures ont une tache marginale noire un peu fondue, le long du bord costal et du bord terminal, jusqu'à la nervure sous-costale; la base des ailes est couverte d'un poil soyeux, long, épais, noirâtre; la tête est verte ainsi que le bord anal des inférieures qui se termine par un lobe saillant noir semé d'atomes gris bleu; une queue fine, noire, terminée par un point blanc très fin, part de la quatrième nervule inférieure.

Le dessous des ailes est vert pré; les supérieures avec une ombre subterminale peu accentuée, les inférieures avec cette même ombre plus foncée et extérieurement soulignée d'une ligne claire. En outre, le bord terminal des inférieures offre une ombre indécise extérieurement lisérée par une éclaircie marginale; le lobe anal est noir de velours, extérieurement pupillé de quelques atomes gris; des deux côtés de la queue il y a un point noir.

Le dessous du corps et de l'abdomen est orangé, ainsi que le premier article des deux dernières paires de pattes.

Nous possédons un seul exemplaire admirablement conservé.

M. Doherty paraît avoir tout particulièrement affectionné les *Lycænidæ*. Notre collection lui est redevable, dans cette gracieuse famille de Lépidoptères, des additions les plus remarquables.

Lycæna Alexis, Hbn; aberr. ♀, **Rufina**, Obthr. (Pl. VI, fig. 52).

Bône (Algérie); Dr Vallantin, 1890.

Les ailes en dessus sont brun clair, avec des rayonnements rougeâtres, comme si les taches marginales fauve orangé avaient déteint sur le milieu des ailes. En dessous, au lieu d'être noirs, les points cerclés de blanc sont fauve orangé, sauf ceux de la base des inférieures dont la couleur est plus normale.

M. le Dr Vallantin a pris une seule ♀ de cette variété et a bien voulu en enrichir notre collection.

NYMPHALIDÆ

Araschnia Prorsoides, Blanch; aberr. **Flavida**, Obthr. (Pl. VII, fig. 64).

Siao-Loû, 1893.

Les Lépidoptères varient suivant des lois que le Créateur a fixées et si, rarement, certaines variations se présentent à nos observations, il n'en est pas moins démontré qu'elles se rencontrent toujours dérivant d'un même principe. C'est à tel point que la loi de variation peut même prétendre à la valeur d'un caractère générique, en ce sens que toutes les espèces d'un même genre subissent la même règle. Ainsi toutes les *Araschnia*, suivant nous, doivent offrir des variations analogues à celle dont nous publions la figure.

L'intérêt philosophique résultant de l'étude des variations est très grand et la XX° livraison de nos *Études d'Entomologie*, commencée au moment où nous écrivons ces lignes, sera consacrée aux variétés et aberrations de Lépidoptères et aux conséquences qu'il nous paraît raisonnable d'en déduire pour la connaissance et la pénétration du plan du divin Auteur de toutes choses.

L'aberration d'*Araschnia Prorsoides* capturée à Siao-Loû par les chasseurs de M. le R. P. Déjean, appartient à la catégorie *albinisante*, c'est-à-dire que les couleurs claires s'étendent sur les couleurs foncées; en dessus, le fauve prend la place du noir et absorbe, par confluence des macules fauves normalement éloignées les unes des autres, la teinte noire du fond.

En dessous, quelques-unes seulement des taches normales subsistent et la bande jaune clair transverse, étroite dans les individus normaux, déborde aux ailes inférieures surtout, jusqu'auprès du bord terminal, couvrant ainsi par un lavis d'un jaune nankin uni les dessins et les taches de couleur fauve, violette et noirâtre qui se remarquent dans les individus ordinaires.

Neptis Déjeani, Obthr. (Pl. VII, fig. 64).

Tà-Tsien-Loû (R. P. Déjean); Tsé-Kou (R. P. Dubernard).

Grande espèce, noire en dessus à taches d'un blanc pur, présentant un aspect assez particulier par la séparation très nette de toutes les taches intranervurales dont la disposition générale est comme dans *Alwina*, Bremer.

En dessous, le fond des ailes est d'un brun rougeâtre un peu plus foncé que dans *Alwina*, surtout aux inférieures. La bande maculaire blanche, transverse, médiane, est plus grande que dans *Alwina*; mais le caractère nettement distinct, non seulement d'*Alwina*, mais des autres *Neptis*, est aux ailes inférieures, dans les taches blanches basilaires, qui, au nombre de quatre, occupent chacune l'espace intranervural. On peut dire encore que la base est blanche, divisée en noir par les nervures.

Neptis Bieti, Obthr. (Pl. VIII, fig. 69).

Tâ-Tsien-Loû.

Espèce petite, délicate, noire en dessus avec des taches jaunes disposées comme chez *Armandia*.

Dessous, reproduisant du reste les taches jaunes du dessus, couvert d'atomes d'un gris jaunâtre et mélangé de dessins d'un brun rougeâtre, surtout au delà de la cellule des ailes supérieures et autour de la bande transverse jaune des ailes inférieures.

L'aspect de la *Neptis Bieti* est tout à fait spécial et nous ne connaissons aucune espèce avec laquelle elle puisse être confondue.

SATYRIDÆ

Drusillopsis Dohertyi, Obthr. (Pl. II, fig. 3, 3 *a*).

Wandési; W. Doherty; 1892 (quatre ♂, deux ♀).

Nous proposons la création d'un genre nouveau *Drusillopsis* pour ce *Satyride* blanc bordé de noir, portant des taches oculées comme un *Drusilla* (synonym. *Tenaris*), mais n'appartenant point à la tribu des *Morphinæ*. Le *Drusillopsis Dohertyi* est un vrai satyride caractérisé par les renflements glandulaires des nervures, près la base des ailes supérieures.

Les ailes sont un peu allongées, blanches sur les deux faces, avec le côté des supérieures, l'apex et le bord terminal bordés de brun noirâtre. Les supérieures portent en dessus une petite tache subapicale, bleuâtre, ceinte de noir. Ce cercle noir se confond avec la teinte brun noirâtre de l'espace apical. En dessous, ce point bleuâtre est reproduit comme la pupille d'une tache noire, qui est entourée de fauve un peu doré.

Les ailes inférieures en dessus sont bordées de noirâtre ; mais le contour extérieur de cette bordure n'est pas net ; il se termine par quelques atomes plus ou moins clairsemés sur le fond blanc et la bordure elle-même est plus épaisse en remontant sur la côte. Une grosse tache noire, ronde, centralement pupillée de blanc, entourée de fauve doré rembruni par des atomes noirs, sauf près du bord anal qui est lavé de fauve doré assez pur, occupe l'espace compris entre la nervure médiane que cependant elle n'atteint pas, et le bord terminal, non loin de l'angle anal.

Le dessous reproduit, mais en plus net, cette grosse tache oculée du dessus et en offre une seconde, plus petite, également noire, pupillée de blanc et cerclée de fauve doré, contiguë au bord costal. Les ailes en dessous sont bordées finement d'une teinte brun noirâtre qui est limitée par deux lisérés parallèles, plus foncés, l'un terminal et l'autre très rapproché. Un troisième liséré plus indécis, moins net et interrompu, séparé d'eux par un espace brun clair, descend du bord costal parallèlement au double liséré terminal précité.

La tête, le corps, les pattes et les antennes sont d'un brun noir.

On remarquera l'anomalie de l'aile supérieure gauche du spécimen figuré sous le n° 3 de la planche II. Le papillon a été reproduit tel qu'il existe, avec le défaut naturel au bord interne, surmonté d'atomes noirs qui manquent au côté droit.

Hamadryopsis Drusillodes, Obthr. (Pl. II, fig. 4 et 4 *a*).

Wandési; Doherty; 1892, trois ♂.

Encore un nouveau genre de *Satyrides*, mimiques des *Hamadryas*, caractérisé par les pinceaux de poil long et grisâtre qui paraît aux ailes inférieures, d'abord près de la base, le long du bord costal, puis le long du bord anal. Les glandes nervurales, près de la base des ailes supérieures, sont très accentuées et les ailes inférieures ont un renflement de la base du bord costal qui ressemble à un gauffrage ou à une soufflure de cette partie des ailes.

En dessus, le fond des ailes est noir avec des taches blanches disposées comme suit : aux supérieures, une tache cellulaire presque rectangulaire et une tache ovale, assez voisine du bord marginal, entre les nervures trois et quatre; une petite tache entre la nervure médiane et la sous-médiane, contiguë à l'origine de la quatrième nervule; un petit point blanc subapical transparaissant du dessous, suivi d'une petite tache blanche peu nette. Aux inférieures, une large tache blanche occupant tout le disque, dans laquelle pénètre la transparence d'une tache ocellée du dessous, paraissant plus noir que le fond, pupillée de blanc pur, très faiblement cerclée de fauve.

En dessous, les taches du dessus sont d'un blanc moins pur et moins laiteux; le fond est brun clair et non noir et aux supérieures on remarque un ocelle subapical noir pupillé de blanc cerclé de fauve doré et, aux inférieures, deux ocelles semblables, l'un très gros, voisin du bord terminal, entre les nervules trois et quatre, l'autre à peu près de même grandeur que celui des supérieures, contigu au bord costal, un peu avant l'angle interne. En outre, les supérieures ont, le long du bord interne, un espace blanchâtre satiné dont le contour extérieur est parallèle au contour du bord costal des ailes inférieures et deux taches triangulaires blanc grisâtre près de la tache ocellée; les inférieures ont le bord costal, près la base, blanchâtre et les quatre ailes sont lisérées d'un double filet terminal noirâtre précédé d'un filet assez large gris blanchâtre.

Les pattes sont gris jaunâtre. Les antennes, la tête et le corps sont noirâtres.

Neope Déjeani, Obthr. (Pl. VII, fig. 63).

Vallée du Tong-Hô (15 avril à 15 mai 1893); Tchang-Kou (mai-juin 1892); quatre ♂.

Dédiée à M. le R. P. Déjean, à qui je suis redevable de cette espèce nouvelle.

Dessus, comme *Simulans*, Leech, mais plus obscur. Dessous, quant aux supérieures, assez voisin de *Simulans*; mais, quant aux inférieures, très distinct par la forme des dessins qui se rapproche plutôt d'*Oberthüri*, Leech, et la teinte générale d'un brun violet, foncé, très obscur.

Le dessin seul permet de percevoir les différences qui séparent les diverses espèces de *Neope*. En dessus, elles se ressemblent beaucoup pour la plupart; mais, en dessous, les ailes inférieures surtout, présentent des caractères distinctifs très constants et très certains. Seulement les descriptions sont impuissantes à faire comprendre des dessins très compliqués dans lesquels les taches ocellées, toujours à peu près les mêmes le long du bord terminal, sont surmontées d'une foule de taches de toute forme et de toute taille, groupées entre des lignes très accidentées et diversement colorées de blanchâtre, de gris, de brun et de noir.

Arge Galathea, var. **Syriaca,** Obthr. (Pl. VIII, fig. 6, 8) et aberr. **Gnophos,** Obthr. (Pl. VIII, fig. 73).

Akbès (Syrie).

Belle forme géographique de *Galathea*, très distincte de celles que nous connaissons, par la base de ses ailes presque entièrement noire et dépourvue de la tache blanche cellulaire qui persiste largement, aux supérieures comme aux inférieures, aussi bien dans la *Galathea* de l'Europe tempérée que dans la *Galathea-Procida* du Piémont et la *Galathea-Turcica* de Grèce et d'Asie-Mineure.

L'aberration mélanienne *Gnophos* (fig. 73) paraît constante dans *Galathea-Syriaca*; nous possédons trois ♂ analogues à celui que nous avons fait représenter.

La ♀ de *Syriaca* est plus grande que le ♂ et d'un brun moins noir.

Satyrus Alcyone, Hübner (125 et 126), forma **Ellena,** Obthr. (Pl. VII, fig. 57), forma **Vandalusica,** Obthr. (Pl. VII, fig. 58), forma typica (Pl. VII, fig. 59), forma **Pyrenæa,** Obthr. (Pl. VII, fig. 60), aberr. **Vernetensis,** Obthr. (Pl. VII, fig. 62).

La race *Ellena* provient des environs de Bône (Algérie), où elle a été découverte par M. le Dr Vallantin. Elle est plus grande, d'un brun plus noir en dessus, avec la bande transversale plus blanche et les ailes inférieures formant un lobe généralement plus proéminent. Le faciès est assez différent pour donner l'apparence d'une espèce distincte.

Nous possédons trois ♂ et une ♀.

En Andalousie (Cadix), l'un de nous a capturé, en 1880, une forme moins agrandie que la race *Ellena*, mais cependant d'une taille supérieure à celle de la forme du midi de la France, à dessins plus nets et plus vivement écrits. Nous possédons de la sierra de Alfakar et de la Sierra-Nevada, côté de Lanjaron (R. Oberthür, juillet 1879), des exemplaires tout à fait analogues à celui de Cadix, figuré au n° 58 de la planche VII du présent ouvrage. Dans la collection de Graslin se trouve un spécimen ♂ étiqueté « *Sierra-Nevada* » et bien semblable à ceux précités.

Dans les Pyrénées-Orientales, aux environs de Vernet-les-Bains, *Alcyone* vole communément pendant le mois de juillet.

Il varie un peu pour la taille et le rembrunissement de la bande claire transversale en dessus, ainsi que pour le dessin et la teinte du dessous des ailes. Notre collection contient plus de cent individus des Pyrénées-Orientales et l'examen de ces documents ne permet pas de différencier la race du Vernet de celle que nous possédons du Valais (Brigg). Nous considérons le papillon figuré sous le n° 59 de la pl. VII, comme représentant la forme typique de l'espèce.

Nous avons fait dessiner, sous le n° 62, une assez intéressante aberration ♂ (*Vernetensis*) rencontrée par nous, en 1888, aux environs de Vernet-les-Bains. Cette aberration porte sur les ailes inférieures, aussi bien en dessus qu'en dessous et l'aspect général du papillon est assez différent des sujets normaux, comme le démontre la figure précitée.

Enfin, à Barèges et à Cauterets (Hautes-Pyrénées), on trouve une race plus petite et plus rembrunie, dont les ailes inférieures en dessous sont semées de petits traits noirs serrés, avec un duvet plus épais que dans la forme du Vernet. Nous l'avons désignée sous le nom de *Pyrenæa* et avons fait figurer (n° 60) un exemplaire ♂ très caractérisé.

Alcyone vole aussi dans les Pyrénées espagnoles; nous n'avons, malheureusement, rapporté qu'un seul individu ♂ de notre excursion aux Asturies (Potes, juillet 1882). La forme paraît plus grande que dans les Hautes-Pyrénées, mais, par les ailes inférieures en dessous, il y a affinité avec la race *Pyrenæa*.

II

HETEROCERA

AGARISTIDÆ

Syfania Dubernardi, Obthr. (Pl. VIII, fig. 70).

Tchang-Kou (été 1893), un ♂.

Taille de *Déjeani*, Obthr. Fond des ailes noir en dessus; les supérieures avec cinq taches jaune nankin, disposées comme dans les autres *Syfania*, mais plus larges et sans la bordure jaune submarginale des autres *Syfania*, actuellement connues : *Bicti*, Obthr; *Déjeani*, Obthr; *Gireaudeaui*, Obthr. Quelques lignes grisâtres assez vagues se perçoivent sur le fond noir des ailes, entre les taches d'un jaune nankin. Les ailes inférieures ont une large tache centrale jaune d'or divisée en deux lobes par le croissant noir cellulaire; le bord anal est liséré de jaune et une tache de même couleur, un peu allongée, pénètre dans la bordure noire, à partir de l'angle anal.

Le dessous reproduit les dessins du dessus; le fond des ailes supérieures est cependant d'un noir beaucoup moins foncé et il y a en plus une petite tache basilaire costale, jaune pâle. Les ailes inférieures ont la bordure terminale noire, divisée par une série de taches allongées blanc jaunâtre.

Le corps en dessus est comme chez *Déjeani*. En dessous, il est couvert de poils jaunes; les pattes sont noirâtres avec des poils jaunes et leur dernier article est annelé de blanchâtre.

L'espèce est dédiée à M. le R. P. Dubernard, missionnaire apostolique au Thibet, à qui nous sommes redevables de nombreuses espèces nouvelles recueillies à Tsé-Kou, localité entomologique des plus intéressantes, malheureusement presque inaccessible aujourd'hui aux chrétiens par le mauvais vouloir et les excitations haineuses des lamas.

Burgena Arruana, Bdv. (Pl. V, fig. 27).

Andai, Wandési; Ansus, dans l'île de Jobi; île de Ron (Nouvelle Guinée septentrionale); W. Doherty. Iles Arrou, suivant Boisduval.

Boisduval a décrit cette espèce sous le nom de *Eusemia Arruana*, dans la *Revue et Magasin de Zoologie*, 1873, page 100. L'espèce n'ayant pas été figurée (ainsi que le constate Boisduval qui ne semble pas, par conséquent, se faire beaucoup d'illusions sur la probabilité de pouvoir identifier exactement son *Eusemia Arruana)*, Kirby, dans son *Synonymic Catalogue of Lepidoptera Heterocera*, 1892, ne l'a pas reconnue et place *Arruana* Bdv. dans le genre *Episteme* (page 28), assez loin du genre *Burgena* (page 31), qui contient les diverses formes géographiques de l'*Agaristide* dont il s'agit : *Varia* (Wlk) Butler (*Lep. Heter. in the British Mus.*, I, Pl. IV; fig. 1); *Transducta*, Wlk.; *Educta*, Wlk.; *Splendida*, Butler.

D'après notre connaissance, *Varia* étant la seule dont la figure ait été publiée jusqu'ici, les autres noms ont besoin qu'une bonne figure intervienne pour obtenir définitivement droit de cité. Pour ce qui nous concerne, nous comblons la lacune laissée par Boisduval et nous publions une figure exacte de la *Burgena Arruana*.

L'espèce varie en Australie, à Halmaheira, en Nouvelle-Guinée, et dans chacune de ces localités offre une race assez spéciale. La variation porte surtout sur la tache jaune de l'aile inférieure.

Episteme Staudingeri, Obthr. (Pl. III, fig. 15).

Kina-Balu (Bornéo).

Les *Agaristides* du groupe d'*Hesperioides* sont impossibles à identifier, sans l'intervention de figures très exactes. L'Océanie en nourrit un certain nombre d'espèces voisines les unes des autres, mais très distinctes cependant.

L'espèce que nous publions sous le nom de *Staudingeri* a d'abord été déterminée *Moorei*, Felder, par M. Staudinger (*Lepid. doublett.*, 1892); mais *Moorei* est une espèce javanaise très différente de celle de Bornéo. Sur notre observation, M. Staudinger crut devoir rapporter sa *Moorei* (false), à *Hesperioides*, Wlk. Nous ne pouvons cependant pas accepter cette manière de voir en présence de la figure publiée par M. Swinhoe, dans son *Catalogue of Eastern and Australian Heterocera* (Oxford, 1892, Pl. V, fig. 3), suppléant ainsi à l'insuffisance de la description Walkérienne, jusqu'alors restée sans figure à l'appui.

Le ♂ de *Staudingeri* diffère de la ♀ par le trait glanduleux qui traverse l'aile inférieure depuis la base; il est en outre plus petit, et ses ailes supérieures ont l'apex moins arrondi. On remarquera la forme exceptionnelle de l'appareil génital du ♂ et on y trouvera des caractères distinctifs aussi certains que ceux résultant de la poche cornée des ♀ de *Parnassius*.

L'*Episteme Staudingeri*, varie pour la frange des ailes inférieures quelquefois entièrement noires, plus souvent blanchâtres vers le haut du bord terminal. En dessous, la variation porte principalement sur la présence ou l'absence d'une tache extracellulaire jaune paille quelquefois isolée, d'autrefois liée à la bande transverse avec laquelle elle forme un Y.

Le fond des ailes supérieures en dessus est noir velouté, avec une bande transverse, jaune crème (et non jaune citron, comme chez *Hesperioides*). Les inférieures sont d'un fauve orangé, avec la base noirâtre et une bordure noire à reflet bleu le long du bord terminal. La tache jaune orangé est bien plus large dans *Staudingeri* que dans *Hesperioides*. L'abdomen est fauve orangé, comme les ailes inférieures, avec le voisinage du thorax noirâtre.

Le dessous reproduit le dessus, mais le noir y est remplacé par du brun et sur les quatre ailes il y a un reflet bleuâtre plus ou moins accentué.

Episteme Pagenstecheri, Rœber (Pl. III, fig. 14).

Bomfia (île de Céram), R. P. Le Coq d'Armandville, 1893.

Les *Agaristidæ* sont, parmi les Lépidoptères hétérocènes, une des familles dont l'étude est plus attrayante. Le continent et l'archipel indiens en nourrissent une foule d'espèces. A la grande île de Céram, M. Carl Ribbe, dans le voyage qu'il effectua au cours de l'année 1884, trouva quatre *Agaristidæ*. Nul doute qu'il y en ait quelques autres encore. M. le R. P. Le Coq d'Armandville, qui collectionne avec tant de talent les documents intéressant l'histoire naturelle, a retrouvé aux environs de Bomfia, l'*Episteme* décrit par M. Rœber, sous le nom de *Pagenstecheri* (*Correspondenz Blatt des entom. Verenis « Iris; »* Dresden; nos 1, 3, p. 40), et figuré par un procédé de phototypie et sans coloriage (*loc. cit.*, pl. II, fig. 10).

Nous devons la possession d'un exemplaire très bien conservé à la générosité de M. l'abbé Mège, curé de Villeneuve-de-Blaye qui l'avait reçu directement de Céram et nous en avons publié dans le présent ouvrage une figure coloriée.

Les ailes sont noires en dessus avec la frange des inférieures et partie de celle des supérieures d'un blanc pur; sur les ailes supérieures, il y a une petite tache triangulaire blanche collée à la nervure sous-costale, dans l'intérieur de la cellule et au delà de la cellule on voit une tache d'un blanc pur, décrivant extérieurement un arc de cercle et intérieurement très dentelé.

Le collier est jaune d'or, l'extrémité de l'abdomen est jaune; les pattes sont noires. Le dessous des ailes reproduit le dessus, sauf que ce côté des ailes est dépourvu des petites taches d'un bleu grisâtre un peu métallique, au nombre de quatre, que l'on remarque en dessus et dont l'une, costale, est formée de quelques atomes seulement; la seconde et la troisième cellulaires se trouvent des deux côtés de la macule triangulaire blanche; enfin la quatrième, arrondie, est au-dessous de la nervure médiane.

Phalænoides Dohertyi, Obthr. (Pl. V, fig. 28).

Andai, Wandési (Nouvelle-Guinée septentrionale); W. Doherty (trois ♂).

Voisine de *Pamphilia*, Cramer, de Céram et d'Amboine et, comme cette espèce, noirâtre à taches blanches et à dessins bleuâtres; diffère de *Pamphilia* par ses ailes supérieures plutôt brunes que noires et la réduction des dessins bleus, dont la disposition est cependant à peu près identique, mais surtout par ses ailes inférieures noires, à reflet bleuâtre sans taches bleues le long du bord terminal, avec deux taches arrondies d'un blanc opalin vers le milieu et près du bord anal.

Le dessous reproduit le dessus, mais *Dohertyi* a la base des ailes assez largement ornée de taches formées par des atomes d'un bleu clair très brillant.

Le corps est le même dans *Pamphilia* et *Dohertyi*. La frange des inférieures est entrecoupée de noir et de blanc dans *Dohertyi*, tandis qu'elle est entièrement blanche chez *Pamphilia*.

CHALCHOSIIDÆ

Campylotes Minima, Obthr. (Pl. VI, fig. 54).

Région de Tà-Tsien-Loû, une ♀.

Aspect de *Chélonide* : ailes supérieures d'un brun noir en dessus avec une grande ligne jaune citron parallèle au bord interne qu'elle surmonte depuis la base jusqu'à l'angle interne; une tache costale de même couleur partant de la base et sept taches dont cinq de forme arrondie, une se terminant en queue allongée et une autre apicale un peu allongée, mais de forme dissymétrique, si on compare les deux ailes entre elles.

Ailes inférieures brun noir avec des taches rouge orangé dont la disposition principale est analogue à celle de *Campylotes histrionica*.

Dessous comme le dessus, mais bien plus pâle. Corps en dessus et antennes noirs, épaulettes jaunes, pattes gris jaunâtre, dessous de l'abdomen rougeâtre.

Laurion Syfanicum, Obthr. (Pl. VI, fig. 45).

Vallée du Tong-Hô (avril, mai 1893); deux ♂.

Fond des ailes supérieures en dessus vert doré un peu sombre, nuancé d'un peu de noir avec une tache rose carmin vif partant de la base, remontant le long du bord costal et s'arrondissant en demi-cercle avant d'atteindre le bord terminal. Ailes inférieures rose carmin avec le bord anal largement lavé de noirâtre.

Dessous rose carminé vif avec l'extrémité apicale, le bord terminal et le bord interne des supérieures brunâtre et une tache brunâtre contiguë au bord marginal des inférieures.

Antennes longues, pectinées, noires.

Collier vert doré brillant, thorax et abdomen vert doré sombre; pattes bleu brillant au premier article, noirâtre aux deux autres.

Soritia Lithosia, Obthr. (Pl. V, fig. 25).

Haute-Birmanie (État de Momeit, 600 mètres); W. Doherty; 1890, un ♂.

Ressemble tout à fait à *Paraphlebia lithosina*, Felder (*Novara*, LXXXIII, 6). Ailes allongées brun noir; les supérieures avec la côte jaune nankin; les inférieures avec le bord costal jaune nankin clair et le bord terminal très finement liséré de la même couleur.

Le dessous reproduit le dessus en plus pâle.

Tête noire; collier rouge, côtés de la poitrine en dessous rouges, corps noir avec les deux pièces de l'extrémité anale jaune paille; pattes gris jaunâtre.

Callhistia Callimorpha, Obthr. (Pl. III, fig. 13).

Wandési (Nouvelle-Guinée septentrionale); Doherty; 1892, cinq ♂.

Voisine de *Grandis*, Druce (P. Z. S., 1882; pl. LX, fig. 5); diffère surtout par ses ailes plus arrondies, son abdomen annelé de noir et terminé par un petit bouquet de poils noirs, au lieu d'avoir les deux derniers anneaux noirs, comme on le remarque dans la figure de *Grandis;* la base des supérieures et les épaulettes sont beaucoup moins bleues que chez *Grandis*. Les antennes ont une pectination presque nulle; elles sont longues et épaisses. M. Druce qui écrit dans sa description « *Antennæ wanting* » a fait figurer des antennes pectinées à peu près comme chez les *Histia*. C'est une fantaisie que le dessinateur a eu tort de se permettre. On ne doit pas représenter ce qui n'existe pas.

Chez *Callisthia callimorpha*, la bande transverse des supérieures est rouge orange et non carminée comme chez *Grandis;* de plus la tache noire qui pénètre cette bande rouge à l'extrémité du bord interne dans *Callimorpha*, est beaucoup moins accentuée et se trouve placée à l'extrémité du bord terminal dans *Grandis*.

Heteropan Argiolina, Obthr. (Pl. V, fig. 33).

Liwa, altitude de 900 à 1,400 mètres (S. O. Sumatra); W. Doherty; 1890, un ♂.

Dessus gris bleuâtre avec une bordure submarginale très fine, plus claire sur les ailes supérieures, dont le contour est un peu sinueux; le milieu des ailes est occupé par une tache blanc mat, de forme allongée.

Dessous plus pâle et plus blanc qu'en dessus; l'aile inférieure est entièrement blanche, avec le tour finement liséré de gris bleuâtre.

Corps gris en dessus, blanchâtre en dessous.

Heteropan Truncata, OBTHR. (Pl. V, fig. 20).

Ansus, dans l'île de de Jobi (Nouvelle-Guinée); W. Doherty; 1892, un ♂.

Petite; ailes supérieures coupées carrément et comme tronquées, d'un brun verdâtre en dessus, avec une tache subapicale vert doré et une tache triangulaire jaune nankin pâle. Ailes inférieures blanches, avec le bord terminal largement liséré de noirâtre à reflet bleu assez brillant. Dessous plus vague et plus clair que le dessus. Corps et tête noirs, bleuâtre en dessus; thorax en dessous et pattes jaunâtres.

Heteropan Lycænoides, SWINHOE (Pl, V, fig. 32).

Ansus, dans l'île de Jobi (Nouvelle-Guinée septentrionale); W. Doherty; 1892, cinq ♂.

M. Swinhoe a figuré dans l'ouvrage *Eastern and Australian Heterocera*, Oxford, 1892, pl. II, fig. 12, un *Heteropan* que nous rapportons, mais avec quelque doute, à l'espèce capturée par M. Doherty à Ansus.

En effet, la figure publiée par M. Swinhoe est bien grossière et ne rend pas avec assez de précision le papillon en question, pour que nous soyons sûrs de notre identification.

En dessus, le disque des ailes de notre *Heteropan* est blanc avec le bord terminal largement teinté de bleu brillant se fondant dans une ombre noirâtre le long du bord terminal.

En dessous, l'aile inférieure a la partie blanche plus nettement séparée de la teinte bleuâtre qu'en dessus et moins fondue avec elle. Le corps est blanc; les antennes sont noires. Dans la figure de l'ouvrage de M. Swinhoe, l'aile inférieure différerait notablement de celle de notre *Heteropan*.

Caprina Calida, Obthr. (Pl. V, fig. 26).

Ansus, dans l'île de Jobi (Nouvelle-Guinée septentrionale); W. Doherty, 1892.

Voisine de *Gelida*, Swinhoe (*Eastern and Australian Heterocera*, Oxford, 1892, pl. II, fig. 3), mais nettement différente par la forme de la tache blanche médiane à l'aile inférieure surtout.

ZYGÆNIDÆ

Northia Translucida (Poujade), Obthr. (Pl. VI, fig. 56).

Mou-Pin (Armand David); Tchang-Kou; route de Tâ-Tsien-Loû à Mou-Pin, 1892 et 1893.

M. Poujade a décrit sous le nom de *Procris Translucida*, dans le *Bulletin de la Société entomologique de France* (1885, p. CXXXVI) une Zygénide jadis découverte à Mou-Pin, par M. l'abbé Armand David. Aucune figure n'étant encore venu éclairer la description écrite par M. Poujade, il était impossible d'identifier exactement l'espèce. Nous avons comblé la lacune d'après un exemplaire semblable à ceux que M. Poujade a eus sous les yeux.

Northia ? Papua, Obthr. (Pl. V, fig. 38).

Andai, dans la baie de Dorey (Nouvelle-Guinée septentrionale); W. Doherty, 1892, une ♀.

Ailes supérieures translucides, bordées de noirâtre et marquées de deux taches jaune safran le long du bord interne.

Ailes inférieures noirâtres avec un espace translucide près le bord costal.

Corps noirâtre en dessus, jaune en dessous; abdomen court, orangé, avec l'extrémité finement marquée de noirâtre et l'attache thoracique noire en dessous seulement. Pattes jaunes; tête jaune; antennes noires, renflées au milieu.

Lorsqu'on connaîtra mieux les *Zygænides* de la Papouasie, il y aura sans doute lieu de créer un genre spécial pour l'espèce intermédiaire entre les *Northia* et les *Naclia* que nous décrivons ci-dessus.

Northia Ignea, OBTHR. (Pl. V, fig. 35).

État de Momeit, dans la Haute-Birmanie; W. Doherty, 1890.

Ailes transparentes; les supérieures ayant la forme et la nervulation de *Northia Dirce*, Leech, de Chine, mais bien distinctes par les taches d'or rouge feu répandues sur le corps, à la base des ailes supérieures, sur le renflement noirâtre le long du bord interne, et en dessous sur les côtés du thorax. Abdomen terminé par un pompon soyeux de couleur jaune un peu orangé.

Artona Delavayi, OBTHR. (Pl. V, fig. 39).

Yunnan, R. P. Delavay; deux ♂.

Petite; en dessus, fond des ailes jaune citron; les supérieures complètement entourées de brun clair, les inférieures bordées de brun clair, sauf le long du bord anal. Dessous comme le dessus.

Tête noire; épaulettes jaunes; corps noir; pattes jaunes; antennes du ♂ pectinées.

Artona Déjeani, OBTHR. (Pl. VI, fig. 54).

Tâ-Tsien-Loû, R. P. Déjean, un ♂, trois ♀.

Voisine de la précédente, mais très distincte. En dessus, fond des ailes brun avec une tache cordiforme extra-cellulaire, jaune citron, et un trait assez épais, de même couleur, partant de la base.

Disque des inférieures jaune un peu plus foncé.

Dessous comme le dessus.

Abdomen noirâtre finement annelé de jaune en dessus, jaune en dessous; collier jaune. Antennes du ♂ pectinées, de la ♀ filiformes.

Artona Confusa, Butler; var. **Diffusa,** Obthr. (Pl. V, fig. 34).

État de Momeit dans la Haute-Birmanie; W. Doherty; 1890, une ♀.

Diffère de *Confusa*, Butler (*Lep. Het. in Brit. Mus.*, pl. LXXXIV, fig. 10), par son abdomen entièrement jaune et sans aucune trace d'anneau noir antépénultième. Les caractères spécifiques résultant des différences dans les parties du corps sont très importants. Cependant nous n'avons pas osé, avec une seule ♀, ériger notre *Diffusa* en espèce distincte.

Phacusa Dohertyi, Obthr. (Pl. V, fig. 36).

État de Momeit, dans la Haute-Birmanie; W. Doherty, deux ♂.

Très voisine de *Tenebrosa*, Butler (*Lep. Het. in Brit. Mus.*, pl. XII, fig. 1), mais bien distincte par ses ailes inférieures et par son abdomen bleu d'acier, avec les deux anneaux antépénultièmes ocre jaune.

Ressemble aussi à *Notioptera Properta*, Swinhoe (P. Z. S., 1889; pl. XLIII, fig. 6), mais également très différente par ses ailes inférieures.

Phacusa Birmana, Obthr. (Pl. V, fig. 22 et 37).

État de Momeit, dans la Haute-Birmanie; W. Doherty, deux ♂.

Espèce à ailes hyalines avec nervulation noire plus ou moins épaisse, suivant les individus; la base des supérieures est ornée d'atomes or feu, ainsi que le collier et le dessus du thorax. L'abdomen, terminé par un bouton noir d'acier, est annelé de jaune ocracé et, à part la couleur, ressemble beaucoup à celui de *Phacusa Tenebrosa*, Butler. La nervulation des ailes différencie *Birmana* de *Tenebrosa*.

Phacusa Siamensis, OBTHR. (Pl. V, fig. 24).

Renong, en Siam; W. Doherty, un ♂.

Intermédiaire pour les ailes entre *Dohertyi* et *Birmana*. Antennes bien plus faiblement pectinées que dans les *Phacusa* précitées. Base des ailes et corps marqués d'atomes or feu. Abdomen très finement annelé d'ocre jaune.

Phacusa Thibetana, OBTHR. (Pl. V, fig. 23).

De Tâ-Tsieu-Loû à Mou-Pin (1892 et 1893); deux ♂.

Belle et robuste espèce à collier blanc; antennes assez longuement pectinées avec l'arête blanche, vers l'extrémité et l'arête bleu acier près de la tête qui est de même couleur; thorax noir mat, comme la partie non hyaline des ailes; abdomen bleu foncé annelé de bleu brillant en dessus; côtés de la poitrine marqués de bleu brillant; dessous de l'abdomen bleu acier; pattes brun noir; les ailes supérieures ont un point costal basilaire bleu brillant.

Tricladia Papuana, OBTHR. (Pl. V, fig. 21).

Andai (Nouvelle-Guinée septentrionale); W. Doherty, un ♂.

Nous ne croyons pas que la *Tricladia* (nouveau genre) *Papuana* soit déplacée près des espèces américaines appartenant au genre *Dycladia*. Elle en a tout à fait le faciès, mais elle en diffère notablement par la nervulation de ses ailes, qui est très soigneusement représentée dans la figure 21 de la planche V du présent ouvrage.

Les antennes sont épaisses et se terminent en pointe; vues à la loupe, elles montrent une pectination assez courte; la tête est rouge orangé avec la jonction des yeux noire; le thorax est noir en dessus et rouge orangé en dessous, avec les épaulettes rouge orangé; l'abdomen est rouge orangé avec l'extrémité noire terminée par un bouquet de poils bruns et deux taches latérales noires; les pattes sont relativement épaisses, rouge orangé avec l'extrémité noire.

Les ailes sont vitreuses avec l'apex et le bord terminal des supérieures, l'apex des inférieures, largement bordés de noir, le bord interne et le bord costal des supérieures lisérés de noir, celui-ci avec une éclaircie transparente près de la base.

Les ailes supérieures laissent voir deux taches hyalines, en outre de la tache costale précitée.

SPHINGIDÆ

Aleuron Biovatus, Obthr. (Pl. III, fig. 16).

Andai (Nouvelle-Guinée septentrionale) ; W. Doherty, un ♂.

Ailes brunes ; en dessus les supérieures, avec le bord terminal coupé très droit, variées de lilas blanchâtre, montrant près du bord costal, un peu avant l'apex, une tache bilobée d'un jaune nankin un peu brillant qui est traversée par une ombre fauve. Au delà de cette tache bilobée blanc jaunâtre, une ligne un peu courbe, lilas clair, descend du bord costal, tout près de l'apex, à l'angle interne.

Les ailes inférieures ont la base soyeuse avec un reflet gris verdâtre.

En dessous, les ailes sont d'un rouge carmin un peu vineux, avec le disque des supérieures brunâtre, traversées, du bord costal des supérieures au bord anal des inférieures, par trois lignes assez parallèles, courbes, de couleur plus foncée que la teinte du fond, un peu ondulées, surtout sur les inférieures ; on voit même sur les inférieures la trace d'une quatrième ligne ; le bord costal des supérieures, un peu avant l'apex, porte une tache blanchâtre, extérieurement limitée par un trait oblique, blanchâtre, très net. Antennes longues, fines, laissant voir à la loupe une barbe courte et soyeuse. Corps brun en dessus ; brun rouge vineux en dessous.

NYCTEMERIDÆ

Arbudas Thibetana, Obthr. (Pl. VI, fig. 44).

Tà-Tsien-Loù, été 1893, un ♂.

Diffère de *Bicolor*, Moore, par ses antennes plus pectinées, et ses ailes supérieures traversées de la base vers le bord interne par des lignes d'un blanc jaunâtre s'arrêtant à une ligne de même couleur et plus épaisse, descendant du bord costal au bord interne et formant un Y avec une autre ligne qui descend elle-même du bord costal, un peu avant l'apex et qui traverse l'extrémité de la cellule.

Le fond des ailes supérieures est d'un gris noirâtre, avec un reflet un peu verdâtre.

Le dessous reproduit le dessus en plus clair et diffère nettement de *Bicolor* qui a une tache assez large extracellulaire, presque bilobée, d'un blanc laiteux un peu transparent.

Arbudas Syfanica, Obthr. (Pl. VI, fig. 43).

Tâ-Tsien-Loû, été 1893, deux ♂.

Plus grande que *Thibetana* et plus foncée; dessus des ailes supérieures avec les nervures écrites en blanc légèrement verdâtre, depuis la base jusqu'à l'espace subterminal qui, à part deux traits blanchâtres, au contact du bord costal, près de l'apex, est entièrement d'un brun noir. Deux grosses lignes blanc jaunâtre, obliques et assez parallèles entre elles, descendent du bord costal au bord interne.

Dessous des supérieures noirâtre, avec les traits costaux subapicaux, la deuxième bande transverse, la nervure médiane et deux traits marginaux blancs.

Les ailes inférieures des deux côtés, blanches, avec une bordure noire plus large à l'angle apical et finissant à l'angle anal.

Collier et épaulettes blanc jaunâtre.

Corps et abdomen noir verdâtre; l'abdomen annelé de blanchâtre en dessus, blanc en dessous. Pattes fines d'un gris blanchâtre, antennes noir d'acier, finement pectinées.

L'*Arbudas Syfanica* a un peu le faciès de la famille des *Chalchosiidæ*.

ARCTIIDÆ

Chelonia Miranda, Obthr. (Pl. VI, fig. 50).

Mœnia (Thibet), juin 1893, un ♂.

Ailes longues, les supérieures en dessus d'un noir d'acier à reflet verdâtre, avec les espaces intranervuraux centralement tracés de jaune d'or; les inférieures brun foncé mat, avec le disque d'un jaune orangé vif divisé en noir par les nervures.

Antennes fines noires; en dessus, corps noir d'acier avec les épaulettes jaunes.

Dessous des supérieures comme le dessus, mais plus mat, dessous des inférieures jaune, avec les nervures écrites en noir et une tache marginale noire occupant la moitié du bord à partir des environs du bord anal qui reste entièrement jaune.

Corps jaune en dessous, avec les côtés de l'abdomen décorés d'une bande rouge carmin vif aboutissant à l'extrémité anale.

Pattes brunes marquées de jaune.

SATURNIDÆ

Attacus Hercules, Miskin (Pl. I, ♂, fig. 1).

Ansus, dans l'île de Jobi (Nouvelle-Guinée septentrionale); W. Doherty; 1892, un ♂.

La description de l'*Attacus Hercules* est insérée dans les *Transactions of the entomological Society of London*, 1876, pages 7, 9. Mais la figure d'une aussi belle espèce, l'*Atlas à queues*, n'avait point encore été publiée, bien que la découverte remonte à une date déjà éloignée.

Naturellement, M. Butler a inventé pour cet *Attacus* caudé un genre *Coscinocera*. Certains entomologistes se plaisent à morceler les genres naturels au grand dommage de la science, croyons-nous. Car, à force d'analyser, on perd la vue d'ensemble et on ne tend à rien moins qu'à la méthode uninominale qui serait une erreur, puisque le genre existe indubitablement. Si on crée un genre presque pour chaque espèce, en donnant à telle ou telle particularité seulement spécifique l'importance d'un caractère générique, on arrivera finalement à rendre inutile le nom du genre, puisque le genre au lieu de contenir un certain nombre d'espèces, ne contiendra trop souvent qu'une seule espèce et ses races géographiques et variétés. Encore pourra-t-on avoir l'agrément de voir une variété d'aspect un peu différent figurer dans un autre genre que l'espèce à laquelle elle se rapporte.

La ♀ de l'*Attacus Hercules* diffère beaucoup du ♂ paraît-il. Nous nous proposons d'en publier la figure dès que nous aurons pu nous en procurer un exemplaire. D'après ce que nous avons appris, M. le Dr Staudinger a reçu plusieurs individus des deux sexes de la Nouvelle-Guinée allemande.

LIPARIDÆ

Chærotricha Armandvillei, Obthr. (Pl. V, fig. 31).

Bomfia (Céram), R. P. C. Le Coq d'Armandville, 1893; un ♂.

Les ailes sont allongées, avec le bord interne des supérieures droit, en dessus, de couleur jaune d'or et marquées de brun sur le disque et le long du bord terminal des supérieures, comme aussi près de la base des inférieures.

Les nervures aux ailes supérieures séparent en autant de points distincts la bordure brune terminale; le côté reste entièrement jaune, ainsi que la base et l'extrémité de la cellule. Le thorax est jaune, le corps est brun. Le dessous est presque uniformément jaune à part le bord terminal des supérieures.

Les palpes sont courts et brun noir; les antennes sont assez finement pectinées.

Dédié à M. le R. P. Le Coq d'Armandville qui a découvert ce Liparide dans la grande île dont il évangélise les populations.

NOCTUIDÆ

Epunda Lichenea, Hbn. (Pl. VI; ♀, fig. 42).

Bône (Algérie), Dr Vallantin, 1890.

Diffère du type et de la variété *Viridicincta* par un reflet rosé, assez brillant sur la frange, le long du bord costal et sur l'espace subterminal des ailes supérieures. Ce reflet rose un peu fugace, en ce sens qu'il est surtout apparent avec une certaine incidence de lumière semble assez spécial, attendu qu'il n'existe au même degré sur aucun des soixante exemplaires français ou anglais que renferme notre collection. Il est remarquable que beaucoup d'espèces de Noctuidæ, dont les ailes sont généralement grises, tendent à revêtir une teinte ou un reflet rosé en Algérie.

Catocala Vallantini, Obthr. (Pl. VI, fig. 53); 1 ♂.

Bône (Algérie), Dr Vallantin, 1890.

Espèce relativement petite; très distincte par ses ailes inférieures, en dessus, rappelant celles d'une *Triphæna*, c'est-à-dire jaune à bordure marginale noire, extérieurement dentelée et éclaircie de deux taches jaunes au contact du bord terminal, la première au-dessous de l'angle apical et l'autre avant l'angle anal. L'espace cellulaire est clos par un **V** grisâtre. Les ailes supérieures sont grises, mélangées de jaunâtre, avec l'orbiculaire plus foncée, et deux lignes brunes descendant du bord costal au bord interne, l'une extra-basilaire, l'autre subterminale, celle-ci surtout assez ondulée.

Dessous des quatre ailes ocre jaune, avec le bord costal grisâtre, surtout aux inférieures, et une bordure noirâtre, commune, plus épaisse à l'apex de chaque aile, se rétrécissant près de l'angle interne des supérieures et avant l'angle anal des inférieures.

Thorax gris en dessus; abdomen gris jaunâtre.

PYRALIDÆ

Celerena Lerna, Boisduv. (Pl. V; ♂, fig. 29).

Andai (Nouvelle-Guinée septentrionale); W. Doherty, 1892.

Boisduval (*Astrolabe*; Lép., pl. V, fig. 2) représente sous le nom de *Callimorpha Lerna*, la ♀ de l'espèce dont nous avons fait figurer l'autre sexe, à cause de la particularité de ses antennes qui sont pourvues d'une ampoule glanduleuse, de forme tout à fait ovalaire et bien différente du simple renflement que l'on remarque dans les ♂ des autres *Cerclena*.

BOTYDÆ

Ennychia Mænialis, OBTHR. (Pl. VI, fig. 55).

Mænia (Thibet), mai-juin 1894.

Diffère de *Cingulalis*, Linn. par sa taille plus grande, par sa bande commune colorée en jaune paille en dessus et non en blanc, et par son trait jaune paille partant de la base des supérieures et se dirigeant droit et presque perpendiculairement à la bande transverse qu'il n'atteint cependant pas.

Le dessous reproduit le dessus à cette différence qu'il présente en plus trois traits blanc jaunâtre, partant de la base, le premier costal aux supérieures, le second costal aux inférieures et le troisième médian à ces mêmes ailes.

PHALÆNIDÆ

Macaria Ziczacaria, OBTHR. (Pl. V, fig. 30).

Andai (Nouvelle-Guinée septentrionale) ; W. Doherty, 1892.

Espèce robuste à contour très dentelé d'un gris carné en dessus, traversée du bord costal des supérieures au bord anal des inférieures, un peu au delà de leur milieu par un trait fulguré d'un rose très clair, compris entre deux traits noirs ; de plus, une ligne ondulée, très fine, rouge brique, se voit entre le trait fulguré susmentionné et un trait sub-basilaire, arrondi, partant de la côte des supérieures et s'arrêtant au bord interne de celles-ci, sans atteindre les inférieures. Ce dernier trait est d'abord rougeâtre au contact de la côte, puis plus clair, entouré de chaque côté d'atomes noirs, un peu irréguliers.

Entre le trait fulguré et le bord terminal, il y a un mélange de parties plus claires que divise par le milieu une ombre de la couleur du fond.

Le dessous est rose orangé; les supérieures obscurcies par un assez grand nombre de petits traits noirs, très fins, les deux ailes traversées d'abord par une ligne commune, subbasilaire, très fine, rouge brique, puis par un trait épais, subterminal noir mat.

Chesias Oranaria, Lucas (Pl. VI; ♂, fig. 41; ♀, fig. 40).

Bône (Algérie); Dr Vallantin et Olivier.

M. Lucas a publié dans l'*Exploration scientifique de l'Algérie, Lépid.*, pl. IV, fig. 4, sous le nom de *Chesias Oranaria* une Phalénite dont le rangement parmi les *Chesias* est contestable, mais que nous ne saurions ranger cependant parmi les *Sterrha*, comme le propose M. Staudinger, parce que le ♂ a les antennes filiformes et non pectinées.

MM. Vallantin et Olivier ont retrouvé cette espèce qui n'avait pas été rencontrée depuis l'expédition de M. Lucas.

Le ♂, dont nous avons trois exemplaires sous les yeux, est assez variable pour la teinte des ailes supérieures, qui est plus ou moins ocracée, avec ou sans tendance au rougeâtre. La ligne qui descend obliquement de l'apex des supérieures vers le bord interne est aussi plus ou moins soulignée extérieurement d'une ombre brunâtre, allant en s'épaississant à partir de l'apex jusqu'au bord interne.

Nous considérons avec quelque hésitation, il est vrai, comme la ♀, le papillon figuré sous le n° 40 de la pl. VI de cet ouvrage. Nous en possédons deux exemplaires. Ils diffèrent de ceux que nous supposons être le ♂ par leur taille plus petite, par l'apex des supérieures plus aigu et le bord terminal un peu plus creusé et moins droit, par les ailes supérieures en dessus plus grises, avec la ligne qui descend de l'apex au bord interne mieux écrite, ayant une direction plus droite et moins courbe vers le bord interne, enfin par les inférieures plus noirâtres.

En dessous, chez le ♂, les dessins sont très peu visibles, tandis que chez la ♀ les ailes supérieures à fond noirâtre, sont éclaircies par la reproduction un peu vague, il est vrai, des dessins du dessus et les inférieures à fond gris, portent un point discoïdal noirâtre, une ligne extracellulaire également noirâtre, nette, allant en courbe du bord costal au bord anal et, enfin, une ombre près du bord terminal. Les lisérés marginaux sont les mêmes dans les deux sexes.

EXPLICATION DES PLANCHES

Planche I,	numéro	1.	Attacus Hercules, ♂, Miskin.
Planche II,	numéro	2.	Pieris Dohertyi, Obthr.
—	—	3.	Drusillopsis Dohertyi, Obthr.
—	—	3 *a*.	Drusillopsis Dohertyi, Obthr. (Dessous).
—	—	4.	Hamadryopsis Drusillodes, Obthr.
—	—	4 *a*.	Hamadryopsis Drusillodes, Obthr. (Dessous).
—	—	5.	Pieris Gabia, Bdv.
—	—	6.	Pieris Jobiàna, Obthr.
—	—	7.	Pieris Euryxanthe, ♀, Obthr.
—	—	8.	Hypochrysops Ribbei, Rœber.
—	—	9.	Pieris Euryxanthe, ♂, Obthr.
Planche III,	numéro	10.	Deudoryx Dohertyi, Obthr.
—	—	11.	Pieris Julia, ♂, Doherty.
—	—	12.	Papilio Marenda, Doherty.
—	—	13.	Callristia Callimorpha, Obthr.
—	—	14.	Episteme Pagenstecheri, Rœber.
—	—	15.	Episteme Staudingeri, Obthr.
—	—	16.	Aleuron Biovatus, Obthr.
—	—	17.	Pieris Julia, ♀, Doherty.
—	—	18.	Pieris Vaso, ♂, Doherty.
Planche IV,	numéro	19.	Ornithoptera Goliath, Obthr.
Planche V,	numéro	20.	Heteropan Truncata, Obthr.
—	—	21.	Tricladia Papuana, Obthr.
—	—	22.	Phacusa Birmana, Obthr.
—	—	23.	Phacusa Thibetana, Obthr.

Planche V, numéro 24. Phacusa Siamensis, Obthr.
— — 25. Soritia Lithosia, Obthr.
— — 26. Caprina Calida, Obthr.
— — 27. Burgena Arruana, Bdv.
— — 28. Phalænoides Dohertyi, Obthr.
— — 29. Celerena Lerna, Boisd.
— — 30. Macaria Ziczacaria, Obthr.
— — 31. Chærotricha Armandvillei, Obthr.
— — 32. Heteropan Lycænoides, Swinhoe.
— — 33. Heteropan Argiolina, Obthr.
— — 34. Artona Diffusa, Obthr.
— — 35. Northia Ignea, Obthr.
— — 36. Phacusa Dohertyi, Obthr.
— — 37. Phacusa Birmana, Obthr.
— — 38. Northia Papua, Obthr.
— — 39. Artona Delavayi, Obthr.

Planche VI, numéro 40. Chesias Oranaria, ♀, Lucas.
— — 41. Chesias Oranaria, ♂, Lucas.
— — 42. Epunda Lichenea, ♀, Hübner.
— — 43. Arbudas Syfanica, Obthr.
— — 44. Arbudas Thibetana, Obthr.
— — 45. Laurion Syfanicum, Obthr.
— — 46. Hypochrysops Felderi, Obthr.
— — 47. Hypochrysops Drucei, Obthr.
— — 48. Hypochrysops Dohertyi, Obthr.
— — 49. Hypochrysops Boisduvali, Obthr.
— — 50. Chelonia Miranda, Obthr.
— — 51. Artona Dejeani, Obthr.
— — 52. Lycæna Alexis, ab. *Rufina*, ♀, Obthr.
— — 53. Catocala Vallantini, Obthr.
— — 54. Campylotes Minima, Obthr.
— — 55. Ennychia Mænialis, Obthr.
— — 56. Northia Translucida, Obthr.

Planche VII, numéro 57. Satyrus Ellena, Obthr.

Planche VII, numéro 58. Satyrus Alcyone-Vandalusica, Obthr.
— — 59. Satyrus Alcyone, Hübn.
— — 60. Satyrus Alcyone-Pyrenæa, Obthr.
— — 61. Neptis Dejeani, Obthr.
— — 62. Satyrus Alcyone, ab. *Vernetensis*, Obthr.
— — 63. Neope Dejeani, Obthr.
— — 64. Araschnia Prorsoides-Flavida, Obthr.

Planche VIII, numéro 65. Colias Nebulosa, ♂, Obthr.
— — 66. Parnassius Thibetanus, ♂, Leech.
— — 67. Parnassius Thibetanus, ♀, Leech.
— — 67 *a*. Poche cornée de P. Thibetanus, ♀.
— — 68. Arge Galathea-Syriaca, Obthr.
— — 69. Neptis Bieti, Obthr.
— — 70. Syfania Dubernardi, Obthr.
— — 71. Parnassius Delphius, Eversm.
— — 71 *a*. Poche cornée de P. Delphius, ♀.
— — 72. Parnassius Delphius-Elwesi, Leech.
— — 73. Arge Syriaca-Gnophos, Obthr.

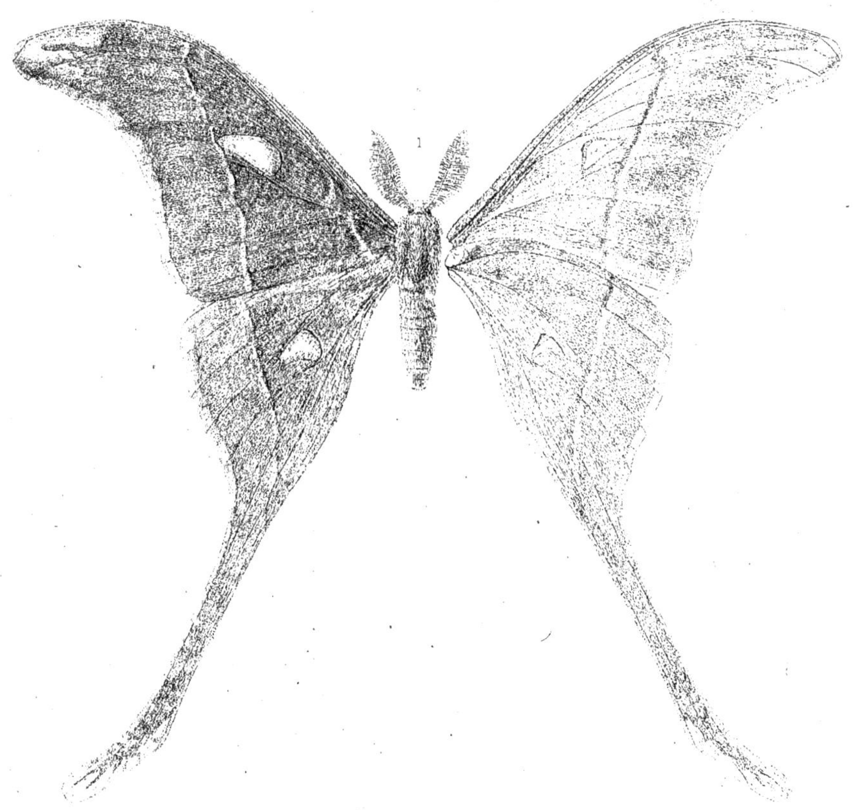

Imp. Oberthür, Rennes. A. Bollengeville lith.

Imp. Oberthür, Rennes

A. Dallongeville lith.

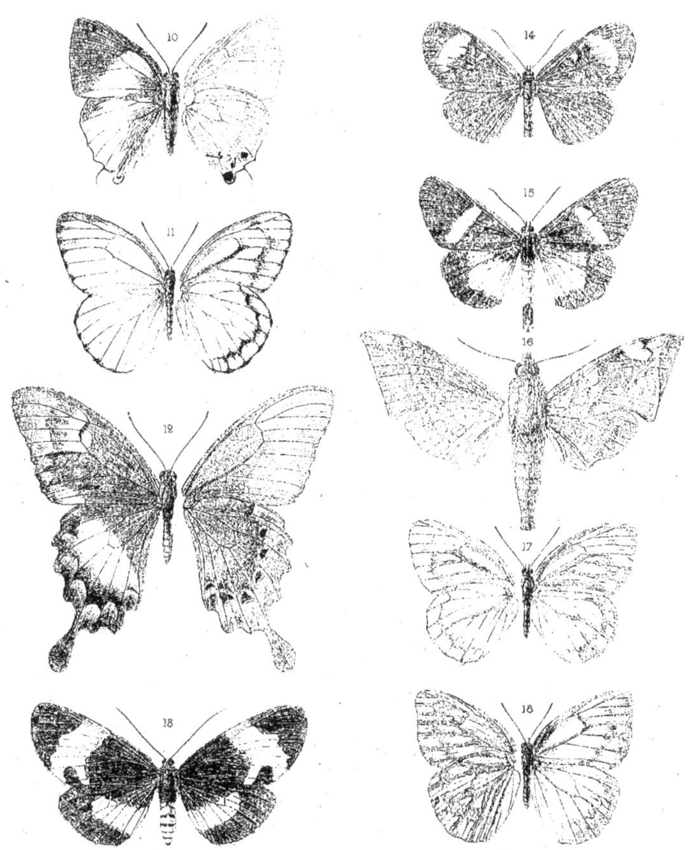

Imp. Oberthür, Rennes

A. Dellagrelle, lith.

Imp. Oberthür, Rennes A. Dellagenille, lith.

Imp. Oberthür, Rennes. A. Jollangeville, lithosculps.

Imp. Oberthür, Rennes. A. Dallongeville, lith. sculps.

Imp. Oberthür, Rennes. A. Dellangeville lith

Imp. Oberthür, Rennes. A. Dollongeville, lith.

ÉTUDES D'ENTOMOLOGIE

LÉPIDOPTÈRES

D'ASIE ET D'AFRIQUE

DIX-SEPTIÈME LIVRAISON

Avril 1893

RENNES

IMPRIMERIE OBERTHÜR

ÉTUDES D'ENTOMOLOGIE

LÉPIDOPTÈRES

D'AFRIQUE ET D'ASIE

DIX-HUITIÈME LIVRAISON

Novembre 1893

RENNES

IMPRIMERIE OBERTHÜR

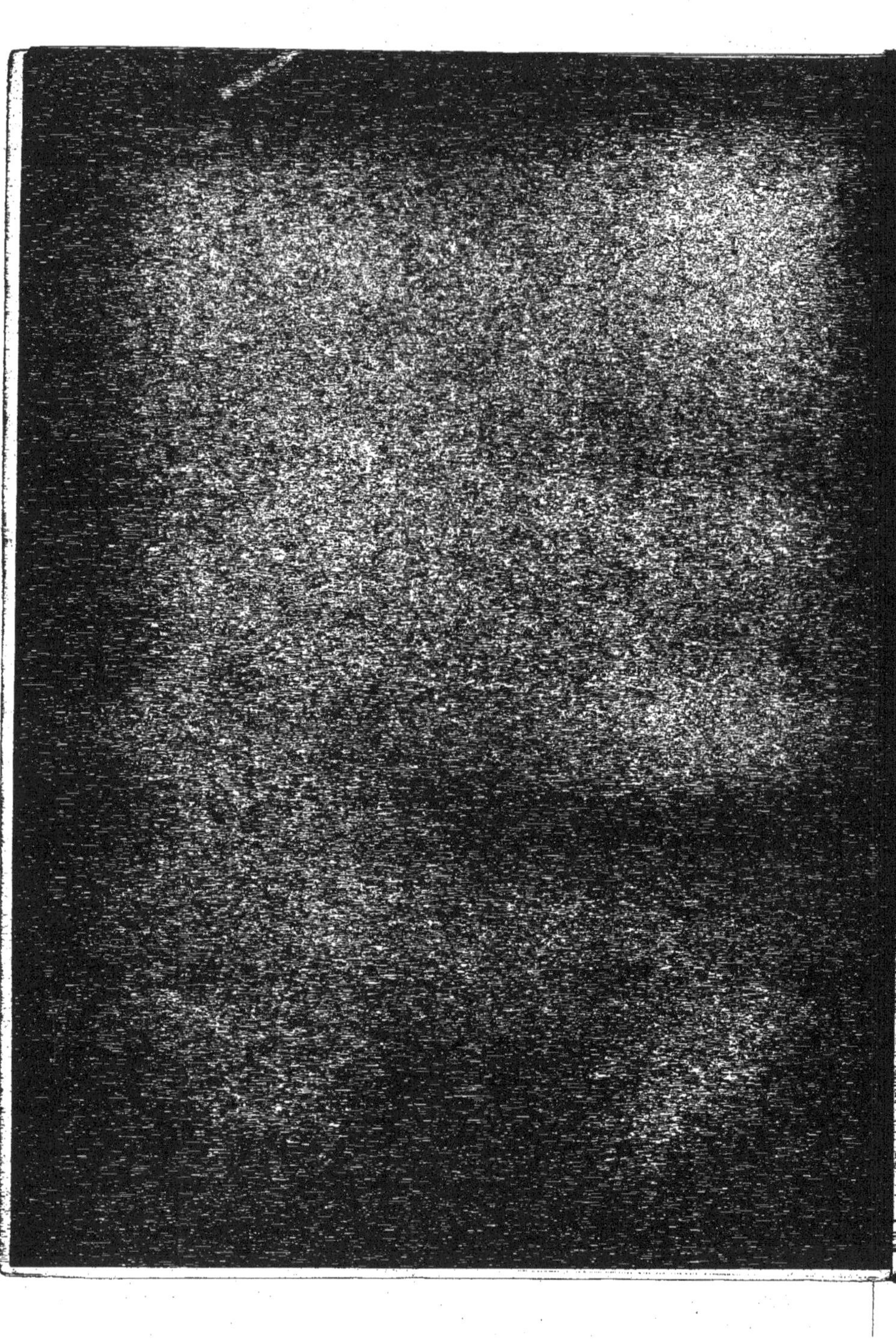

ÉTUDES D'ENTOMOLOGIE

LÉPIDOPTÈRES

D'EUROPE, D'ALGÉRIE, D'ASIE & D'OCÉANIE

DIX-NEUVIÈME LIVRAISON

Août 1894

RENNES
IMPRIMERIE OBERTHÜR

www.ingramcontent.com/pod-product-compliance
Ingram Content Group UK Ltd.
Pitfield, Milton Keynes, MK11 3LW, UK
UKHW020322230726
13925UKWH00002B/578

9 782013 667814